圖解資料庫的工作原理

坂上幸大【著】
何蟬秀【譯】

前言

在電腦與網路普及的現代社會中，大量的資訊讓我們得以擁抱便利的生活。平時我們鮮少留意，但是只要稍微仔細觀察，就能發現生活中充斥了許多資訊，例如社群網路服務與通訊軟體、電車時刻表、記錄於出勤系統中的時間、地圖軟體中的餐廳資訊、設定手機提醒的行事曆，以及網路購物的商品資訊等。
如今，這些資訊在世界各處持續增加，大量的資料要如何儲存，又要儲存在哪裡？處理大量的資料時又該怎麼做？解決這些問題時，資料庫是一項關鍵的技術。

本書包含以下內容，這些都是使用資料庫前必須了解的知識。

- **資料庫的基礎知識**
- **資料庫的操作方法**
- **系統設計的相關知識**
- **資料庫運用的相關知識**

資料庫的技術未來還會持續進步，不過，從長期觀點看來，紮實的基礎知識對系統管理者、設計人員、工程師來說是很有幫助的，希望本書也能幫助各位讀者理解這些知識，也希望接下來即將接觸資料庫的讀者，能夠透過這本書進入資料庫的世界。

2020 年 12 月
坂上幸大

目錄

第1章

資料庫的基本概念

~掌握資料庫的概要~

生活中的資料

資料與資料庫

生活中充斥著許多資訊，例如店舖裡販售商品的名稱與價格、通訊錄的姓名與電話、行事曆的日期與行程等，只要稍微留意，就能發現生活中充滿許多的數值、文字、日期、時間等，這一筆筆的資訊就稱為資料（圖 1-1）。

每筆資料都代表著某件事實、資訊內容與狀態，有時也會遇到資料量龐大、格式各不相同，又或者資料散落各處的情況，這樣的資料難以使用也不易處理。然而，只要將資料**整理、收集到一個地方，就隨時能迅速取得所需資訊，或是對多筆資料進行分析並得到新資訊**，像這樣收集多筆資料，讓資料能有效運用，就是資料庫的功能（圖 1-2）。

資料與資料庫的範例

以蛋糕店為例，每項商品的名稱與價格就是資料，這些資料必須告知購買商品的顧客，在計算營收時也必須使用。站在經營者的立場，會希望這些資料不要四散各處，而是能透過表格等方式集中管理。建立資料庫讓資料更便於使用，之後在查詢商品價格時就能迅速完成。

除此之外，記錄售出的商品與數量時，也可以透過收銀系統將售出的商品資料集中並建立資料庫，之後就能計算當日營收或統計來客數。

圖1-1 生活中的資料

・商品名稱
・價格

・姓名
・電話號碼

・日期
・行程

圖1-2 資料庫的功能

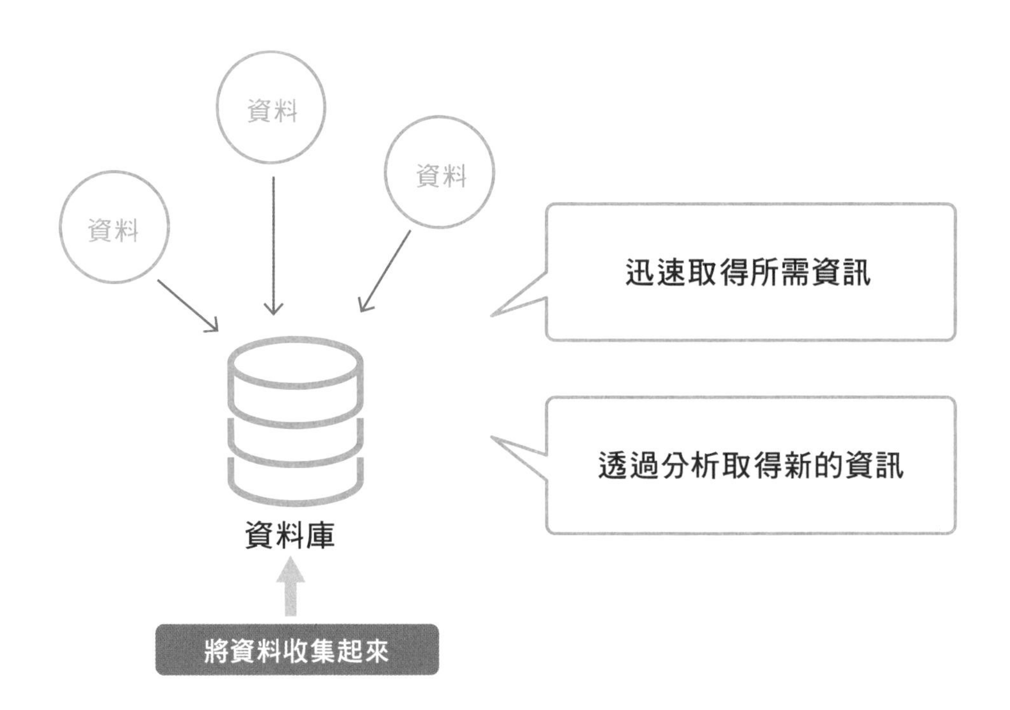

Point

- 資料是數值、文字、日期等資訊。
- 資料庫的功能是整理並收集多筆資料，讓資料能有效運用。

資料庫的特點

資料庫的特點

資料庫的特點大約有幾項，那就是可以登錄（輸入）、整理、搜尋資料（圖 1-3）。資料庫中可以登錄大量的資料，就像商品資料隨時都能新增。資料庫也可以用來整理並使用相同的格式儲存資料，例如儲存蛋糕的「價格」資料時，就不會採用 100、100 日圓、¥100 這種不一致的格式，而是會將格式統一，例如全都寫為 100，而這些資料也可以視需求予以編輯或刪除。**透過資料整理，就能從登錄資料中搜尋所需資料並立即取得**。舉例來說，如果將每項商品的價格都登錄到資料庫，之後就可以指定條件，例如只取得 200 日圓以上的商品資料。如果將售出商品與日期的資料儲存起來，就可以取得當日營收的資料。像這樣對儲存的資料加上條件，就可以抽取需要的資訊。

資料庫在購物網站中的應用範例

管理購物網站的商品時也會使用資料庫，管理人員會將每項商品的品名、價格、開始販售的日期、商品圖的連結、介紹文案等資料登錄至資料庫中，購物網站再從這個資料庫取得商品資料，並顯示內容。這樣一來，用戶就可以從眾多品項中搜尋商品名稱，或是以價格縮小搜尋的範圍（圖 1-4），這些都是因為資料庫的搜尋功能才得以實現。

圖1-3 資料庫可以登錄、整理、搜尋資料

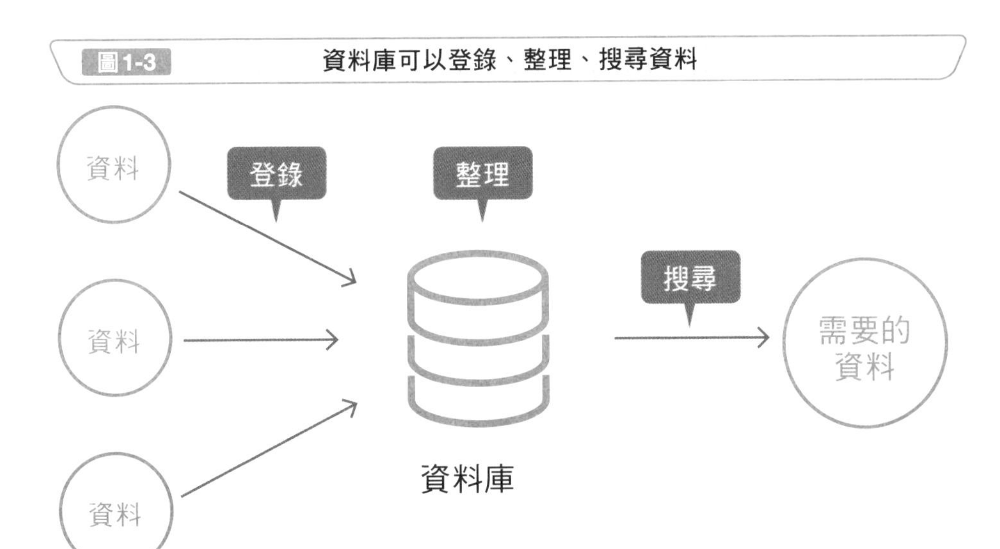

圖1-4 資料庫在購物網站的應用範例

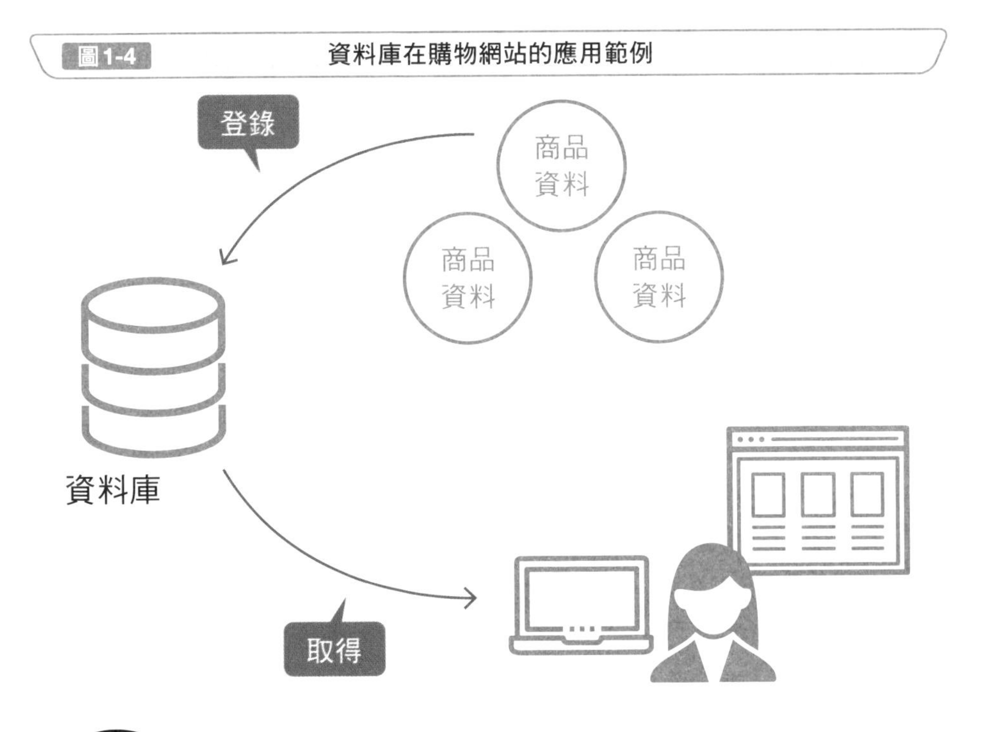

Point

- 資料庫的主要特點是可以登錄、整理、搜尋資料。
- 多虧資料庫，用戶才可以從購物網站中的大量商品資訊縮小搜尋範圍。

運作資料庫的系統

資料庫管理系統（DBMS）與它的功能

資料庫需要透過資料庫管理系統來管理，資料庫管理系統的英文是 DataBase Management System，也可以取其字首稱為 DBMS。資料庫管理系統除了登錄、整理、搜尋資料以外也具備其他功能，例如**對登錄資料設定限制條件（例如只能登錄數值與日期、不能登錄空白欄位），以及維持資料的完整性，以避免資料產生衝突的機制**。有些資料庫也具備安全性功能，例如將資料加密、管理使用者的權限以防止不當存取，還有發生故障時的資料還原機制（圖 1-5）。

管理資料的系統需要具備許多條件，自行建立系統將會花費大量的時間與勞力，但是，只要導入資料庫管理系統，系統就會提供處理大量資料所需要的各種功能，這樣一來，就不必費心管理資料，只需要專注在資料庫原本的用途，也就是登錄、整理、搜尋資料（圖 1-6）。

資料庫管理系統與資料庫的關係

資料庫管理系統就像是資料庫的指揮官，將指令下達資料庫管理系統，就可以操作資料庫。例如，想要將資料新增到資料庫時，首先要向資料庫管理系統下達「新增資料」的指令，系統再依照指令將資料登錄到資料庫（圖 1-7）。要是弄錯指令，試圖登錄不當的資料，資料庫管理系統就會終止登錄動作並傳回「錯誤」訊息。

資料庫管理系統以這樣的方式成為使用者與資料庫間的媒介，讓資料庫的使用更加方便且安全。

圖1-5 資料庫管理系統的功能

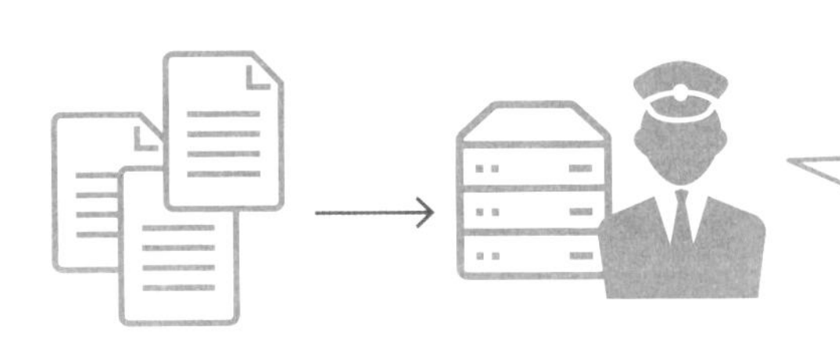

- 登錄、整理、搜尋資料
- 對資料設定限制條件
- 維持資料的完整性
- 保護資料，避免不當存取
- 在發生故障時將資料還原

管理大量資料相當不易……

由資料庫管理系統管理資料

圖1-6 導入資料庫管理系統的好處

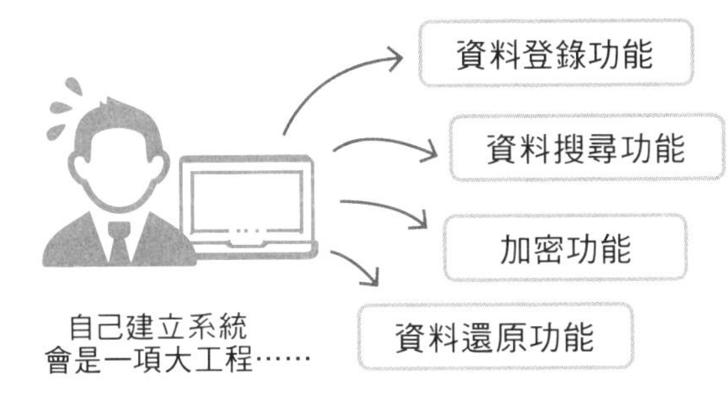

資料登錄功能

資料搜尋功能

加密功能

資料還原功能

自己建立系統會是一項大工程……

資料庫管理系統

會替我們執行所有資料管理的必要事項

圖1-7 資料庫的操作流程

傳送指令

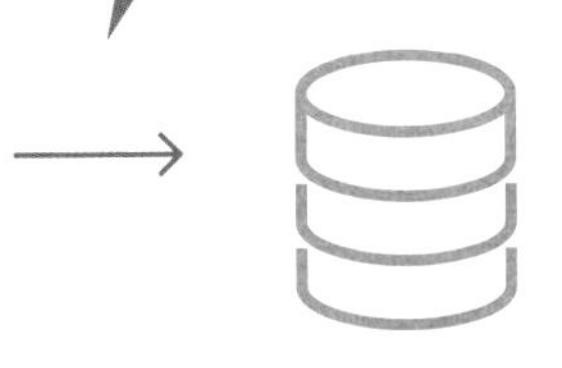

資料庫管理系統

資料庫

Point

- 導入資料庫管理系統（DBMS），就能使用處理大量資料時所需要的功能。
- 操作資料庫時，可以傳送指令給資料庫管理系統，系統會依照指示對資料庫執行處理。

導入資料庫的理由

資料庫管理系統的功能

資料庫管理系統除了登錄、更新、刪除資料等基本功能外，也具備以下功能（圖1-8）。

❶ 可以將資料重新排序與搜尋

將登錄資料依照數值大小重新排序，或是搜尋包含特定字串的資料，就可以迅速叫出想要的資料。

❷ 事先決定登錄資料的格式與限制條件

可以指定資料的儲存格式，例如數值、字串、日期等，也可以設定限制條件，例如指定預設值，或是限制儲存值不能與其他的資料重複。

❸ 避免資料發生衝突

當多名使用者都試圖編輯同一份資料時，透過控制，可以避免資料產生衝突。

❹ 防止不當存取

設定使用者的存取權限並將資料加密，保護機密資料。

❺ 故障時還原資料

資料庫管理系統具備資料的還原機制，系統故障導致資料毀損或消失時才能加以因應。

導入資料庫管理系統，**就可以使用這些系統提供的資料管理功能**。

圖1-8 資料庫管理系統的功能

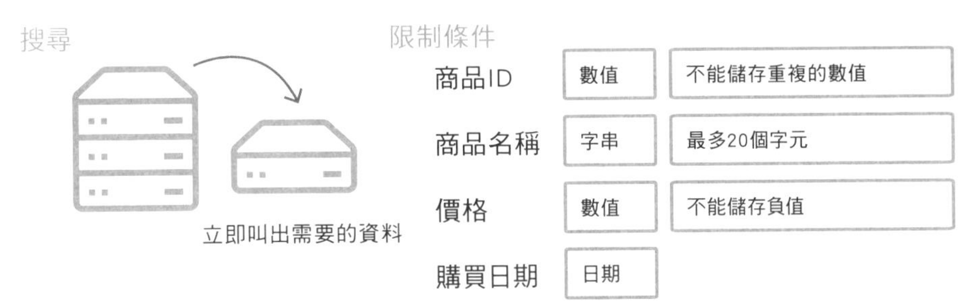

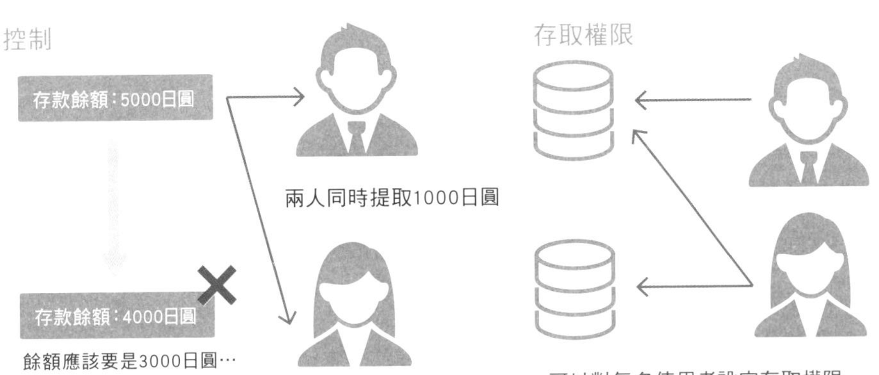

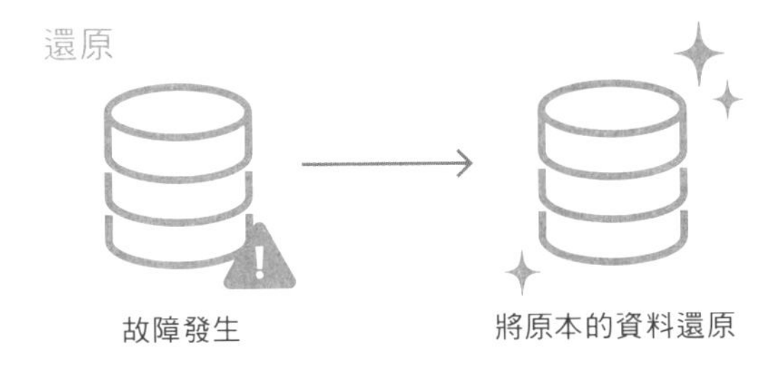

Point

- 資料庫管理系統提供了資料管理所需要的功能。
- 除了登錄、更新、刪除資料以外，資料庫管理系統還具備其他功能，例如重新排序與搜尋資料、指定資料的格式與設定限制條件、防止資料發生衝突與避免不當存取，以及故障時還原資料等。

資料庫管理系統的種類

商業與開源軟體

資料庫管理系統可以分為商業軟體與開源軟體。

商業用的資料庫管理系統通常是由企業與個人進行開發、販售，會向使用者收取費用。

開源軟體則是將原始碼公開，是任何人都能使用的軟體，很多都不需要付費。

接下來會進一步詳細解說這兩者的特點。

商業資料庫管理系統的特點

基本上需要付費，**為了讓系統能夠導入至各種應用領域，通常會採用可擴充式的設計，或是具備豐富的功能，提供的支援會比較充沛**。不過，由於支出的費用也比較高，因此必須慎重評估費用是否能帶來同等的價值。

許多商業用的系統都曾經導入到大企業與大型系統，如果對可靠性的要求較高，通常就會採用商業用的系統。

較具代表性的產品請參考圖 1-9。

開源資料庫管理系統的特點

由於大部分都能免費使用，因此多數人對開源系統的印象是功能性、安全性，以及性能方面的表現較差，**不過，也有許多案例是系統經過不斷改良，在實際使用時也能順利運作。**然而，開源軟體也有它的缺點，那就是通常沒有提供支援，如果使用者不具專業知識，使用上會相當困難。

較具代表性的系統請參考圖 1-10。

圖1-9　具代表性的商業資料庫管理系統

Oracle Database	最廣受使用的資料庫管理系統，有許多實際導入到大企業、大型系統的案例。
Microsoft SQL Server	Microsoft的資料庫管理系統，在商業用資料庫的市場中市佔率僅次於Oracle。跟Oracle一樣有許多企業導入使用，與Microsoft產品的相容性較高。
IBM Db2	IBM的資料庫管理系統，近年來，資料庫內建AI功能大幅降低使用者的負擔，像是可以使用自然語言提問，或是推論出使用者並未發現的事實，這些功能都備受矚目。

圖1-10　具代表性的開源資料庫管理系統

MySQL	是最廣受使用的開源資料庫管理系統，現在是由Oracle維護，部分用途需要支付授權費用。許多網路服務都採用MySQL，它的速度與輕便程度都備受肯定。
PostgreSQL	常被拿來與MySQL做比較，也是很常用的系統，在許多平台上都能運作，豐富的功能更是受到肯定。
SQLite	是可以嵌入應用程式使用的輕便資料庫，不適合應用在大型系統，不過優點是很輕易就能使用。
MongoDB	是目前最普及的NoSQL資料庫，也稱為文件資料庫，能夠以自由的資料結構儲存資料（NoSQL的介紹請參考2-5）。

Point

- 資料庫管理系統可分為商業用以及開源軟體。
- 商用產品基本上需要付費，相對的使用案例與功能都相當豐富，通常也會提供完整的技術支援。
- 大部分的開源軟體是免費的，不過需要具備較深的專業知識才能使用。

操作資料庫的指令

SQL 是以對話的形式溝通

SQL 是**用來向資料庫傳送指令的語言**，將 SQL 語言寫成的指令傳送到資料庫管理系統後，系統就能依據指令內容操作資料庫（圖 1-11）。此外，由於 SQL 是標準化的語言，即使資料庫管理系統種類繁多，如同 1-5 所介紹的，但大部分的系統都是以 SQL 為共通的語言，只要學會 SQL 語言，就可以在常見的資料庫管理系統使用相同的指令操作。

SQL 還有一個特色是採用對話的方式與資料庫溝通。例如，向資料庫管理系統傳送建立新資料庫的 SQL 指令後，資料庫管理系統會根據接收的指令來操作資料庫，並於處理結束後回傳執行結果。

透過 SQL 操作資料庫時，就像這樣傳送指令，再等待結果回傳，與資料庫管理系統間一來一往重複這個流程（圖 1-12）。

SQL 可以做什麼

使用 SQL 就能執行各種與資料庫有關的操作，具體的使用方式將在第三章說明，以下只簡單列出幾點。

- 建立、刪除新的資料庫與資料表
- 新增、編輯、刪除資料
- 搜尋資料
- 設定使用者對資料的存取權限

圖1-11 SQL是什麼？

圖1-12 以對話形式和資料庫溝通

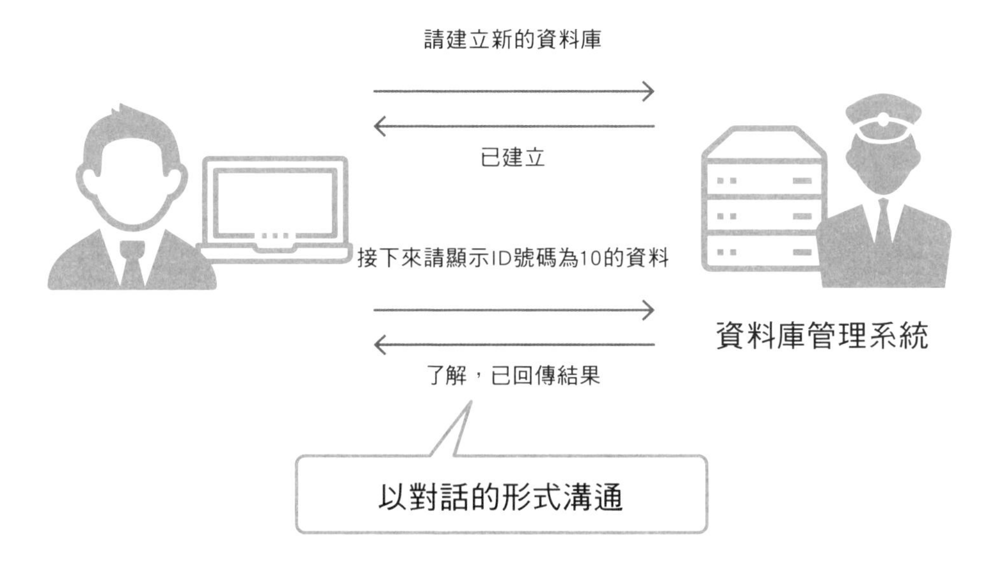

Point

- 操作資料庫時，可以使用 SQL 語言向資料庫管理系統傳送指令。
- 使用者與資料庫管理系統之間是使用 SQL 語言，並以對話的形式溝通。

資料庫的使用範例

資料庫在 POS 收銀系統和預約管理的應用

餐廳與商店所導入的 POS 收銀系統也使用了資料庫，它的機制是透過收銀系統讀取商品條碼，將購買的日期、時間與商品資料都儲存到資料庫。記錄這些資料，就能確認當日賣出的商品數量，也能簡單地計算營收（圖 1-13）。如果事先登錄商品的庫存資料，還能夠從售出的商品資料計算剩餘庫存。

此外，交通工具、飯店、商店的預約管理網站與手機應用程式也使用資料庫來儲存客戶資料，透過應用程式，就可以在資料庫儲存預約的客戶姓名、時間、座位號碼，以及房間等資料，只要在資料庫上統計預約數量，就可以將剩餘可供預約的數量顯示於應用程式。

累積的資料可以用來分析

資料庫**可以對累積的資料進行計算，也能抽取符合特定條件的資料**，有些人會使用這些功能，透過資料庫進行分析。

以 POS 收銀系統為例，使用銷售資料就能迅速統計每日營收，若是以月份別取得每項商品的營收資料，就可以知道「這項商品在夏天銷量特別好，不過夏天一過就完全賣不出去」，或是也能比對客戶的會員資料，發現「這項商品賣得不太好，不過有特定客戶會重複回購」，如果以時段別統計營收，還可以得到「某個時段的客戶較少」等資訊（圖 1-14）。根據分析資料，商店可以調整採購的品項或是販賣的季節與時段，有些案例就曾經使用這些資料來擬定策略，成功增加營收與提升業務效率。

圖1-13 資料庫在 POS 收銀系統的應用範例

圖1-14 使用資料庫分析資料

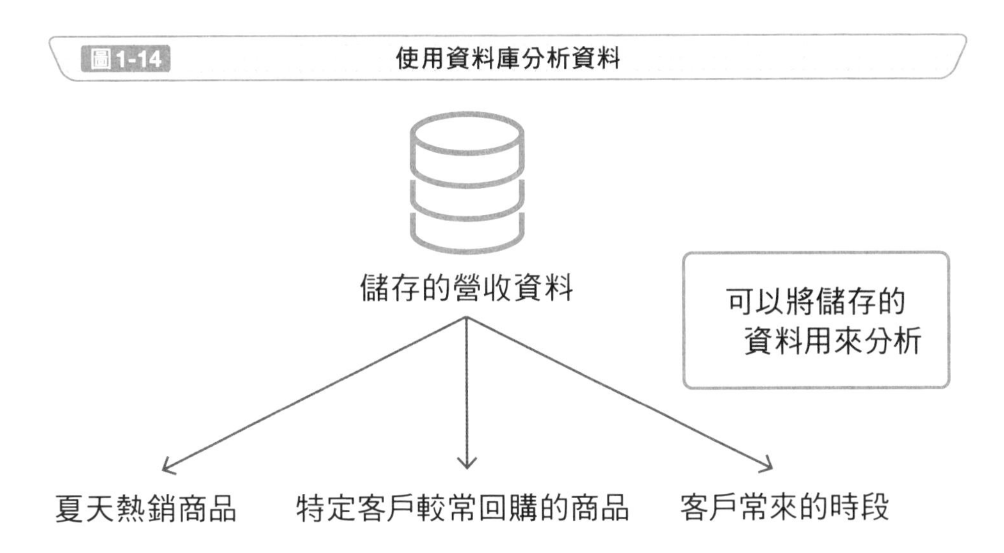

Point

- 資料庫的應用範例包含 POS 收銀系統與預約管理系統，而資料庫在這裡的用途是儲存營收與客戶資料。
- 資料庫中累積的資料除了可以用來計算營收，也可以用於資料分析，有些案例就曾經使用分析資料來擬定策略，成功增加營收與提升業務效率。

生活中常見的資料庫

圖書館館藏資料庫

圖書館中大量的藏書資料也是透過資料庫來管理（圖 1-15）。

當新的書籍進入圖書館，要先在資料庫登錄書名、作者、類別、架位等資料，透過這些資料，就可以使用圖書館的設備與網站找到書本。

此外，在櫃檯借、還書時，也會將借閱者、書名、借閱時間等資料登錄到資料庫，這樣一來，**其他人就能查詢書籍是否已借出，館方也可以確認是否有逾期未還的書籍**。

購物網站的商品資料庫

智慧型手機與電腦的購物網站讓我們能輕鬆購物，而購物網站其實也使用了資料庫（圖 1-16）。

點開網站後出現的商品，每一項都在資料庫儲存了標題、圖片連結、分類、價格、介紹文案等資料，我們能迅速從類別、價格縮小查詢範圍或是重新排序，都是多虧了資料庫。

除了商品以外，也可以將購買的客戶、購買日期、購買商品等購物資訊儲存到資料庫，**如此一來，就能在商品庫存歸零時自動從商品清單隱藏商品，或是分析熱銷商品的趨勢**。

其他如商品評價、依據購買記錄推薦商品等功能也能透過資料庫導入。

圖 1-15　圖書館的資料庫應用範例

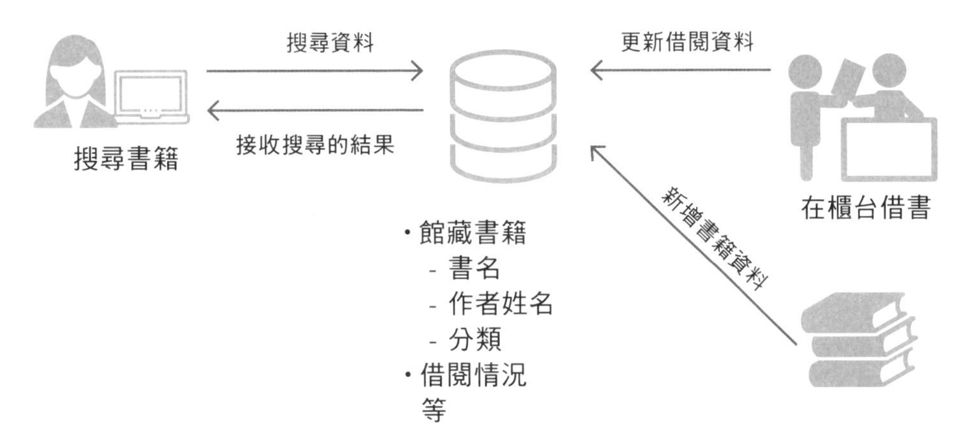

圖 1-16　購物網站的資料庫應用範例

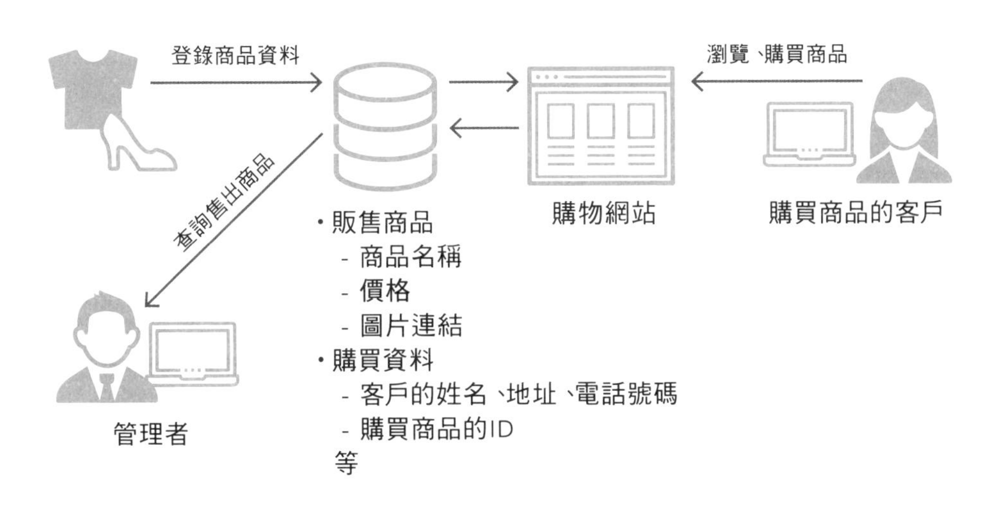

Point

- 圖書館館藏與借閱資料也是透過資料庫來管理，有了這些資料，就可以建立館藏查詢系統、查詢借閱情況。
- 購物網站是將商品資料與消費客戶資料儲存到資料庫，這樣一來，就能顯示為商品的搜尋與瀏覽頁面，或是將資料用於分析熱銷商品的趨勢。

小試身手

尋找生活中常見的資料庫

試著寫下你的生活中有什麼樣的資料，這些資料是否已經建立成資料庫了呢？如果還沒有，運用資料庫會不會更加便利？

-
-
-

回答範例

- 售出商品、數量、價格
  → 使用 POS 收銀系統讀取條碼，就能將資料儲存到資料庫
  → 之後就能夠統計熱銷商品的資料

- 姓名、電話號碼、郵件地址
  → 智慧型手機的通訊錄應用程式可以儲存、變更資料，也可以使用姓名來查詢資料

- 圖書館館藏的書籍名稱、作者姓名、類別、借閱情況
  → 可以從電腦裝置查詢館藏資料

- 圖書館借閱書籍的名稱、借閱日期、歸還日期、會員編號
  → 在櫃台借還書時，會將借閱情況記錄下來
  → 可以追蹤已借出的書籍，掌握超過一定期限還未還書的會員

第 2 章

資料的儲存模式

~關聯式資料庫的特徵~

各式資料的儲存模式

資料模式的種類

資料庫的資料在儲存時會遵循一定的規則，這時候資料的結構就稱為資料模式，資料模式分為以下幾種。

- 階層式

  階層式就像樹木分支一樣，一筆父記錄之下又分為多筆子記錄，就類似公司組織圖的概念（圖 2-1）。公司的多個部門分別都有幾個團隊，每個團隊又分別擁有許多成員。雖然階層式的結構可以快速的查詢資料，但以這次的例子來說，如果有成員同時隸屬於多個團隊，就會產生資料重複的缺點。

- 網路式

  網路式是將資料呈現為網狀結構的模式（圖 2-2）。階層式是一筆父記錄擁有多筆子記錄，網路式則可以擁有多筆父記錄，這種結構可以避免階層式的缺點，也就是資料重複。不過，現在的主流是以下的關聯式，它具有更高的便利性。

- 關聯式

  關聯式會將資料儲存於具有行與列的二維表格（圖 2-3），它的特色是可以透過多個表的組合，彈性取得更多元的資料。如果採用階層式與網路式，程式會需要理解資料的儲存結構，一旦結構改變，連帶也必須修改程式。關聯式資料庫則比較不受影響，程式與資料各自獨立，更加容易管理。由於便利性較高，關聯式資料庫已經成為現在的主流，1-5 提到的**較具代表性的資料庫管理系統也幾乎都是關聯式資料庫**，本書之後的章節主要也是以關聯式資料庫為前提進行說明。

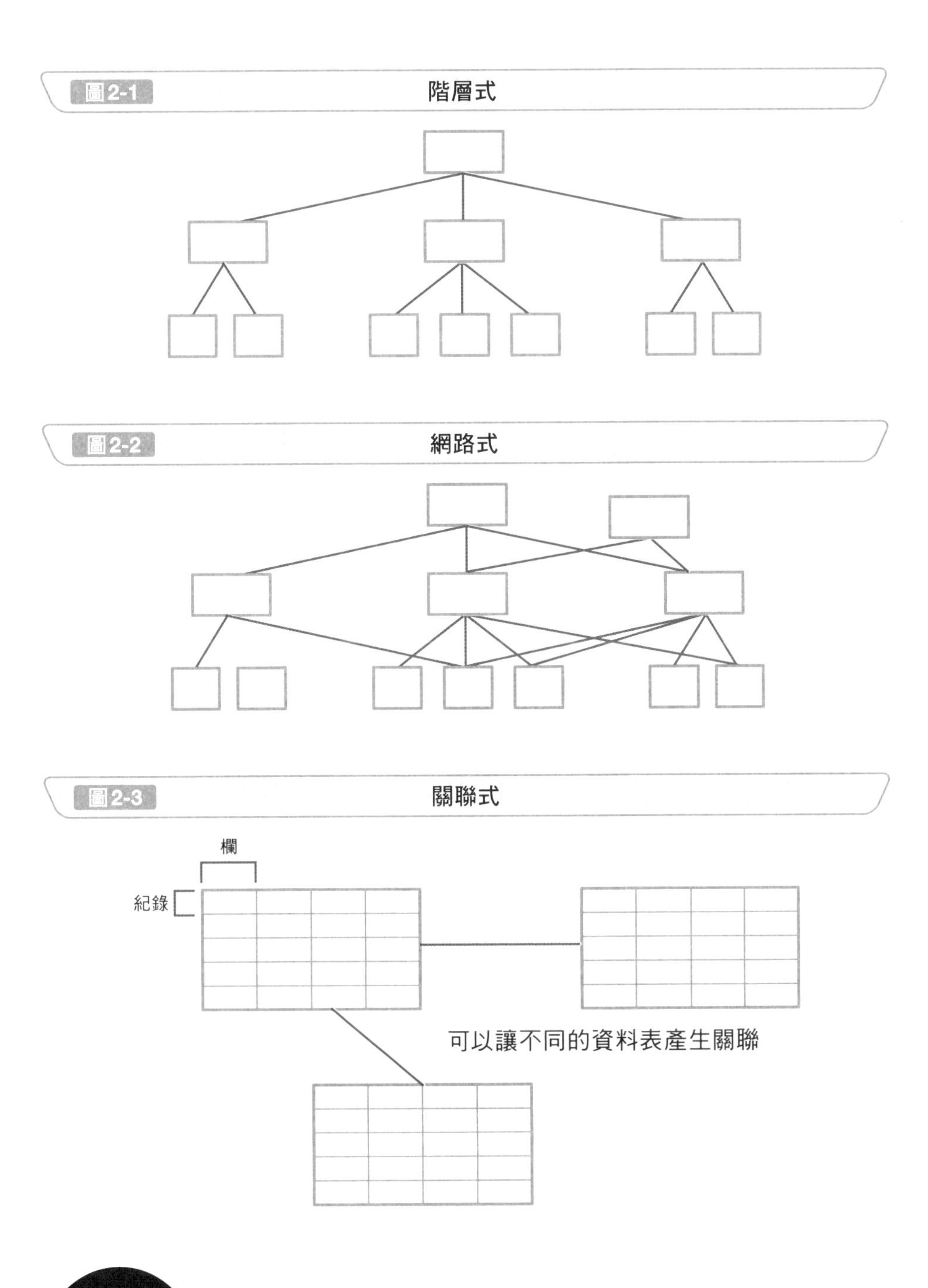

Point

- 資料模式包含階層式、網路式、關聯式等種類。
- 現在具代表性的資料庫，幾乎都是關聯式資料庫。

以表的格式儲存資料

關聯式資料庫的資料儲存方法

2-1 已經介紹過資料模式的種類，接下來將進一步說明主流的關聯式資料庫是如何儲存資料。

- **以表格儲存資料的資料表**

  關聯式資料庫是以表格的形式儲存資料，而這個表格就稱為資料表（table）（圖 2-4）。例如，建立購物網站的資料庫時，需要建立用戶資料表來儲存網站的註冊會員資料，也要建立商品資料表儲存銷售的商品資料。我們可以透過這種方式，對不同的儲存資料種類分別建立資料表。

- **欄是資料表的「行」，紀錄則是「列」**

  資料表是具有行與列的二維表格，而欄（column）就相當於「行」，紀錄（record）就相當於「列」（圖 2-5）。例如用戶資料表中儲存的項目會有姓名、地址、電話號碼等，每個項目就是一行，這就是所謂的「欄」。另外，假設在用戶資料表登錄資料時，登錄了山田先生、鈴木小姐、佐藤小姐的資料，這時候每個人的每一列資料，就稱為紀錄。

- **紀錄中的每個輸入項目就是欄位**

  每筆紀錄分別需要輸入的項目就稱為欄位（field，圖 2-6），例如用戶資料表的紀錄中，輸入在「姓名」項目中的「山田」，以及輸入在「地址」項目的「東京都」。紀錄中的每個輸入項目就是欄位。※1

※1 有時欄位指的也可能是欄

圖2-4　儲存資料的表格——「資料表」

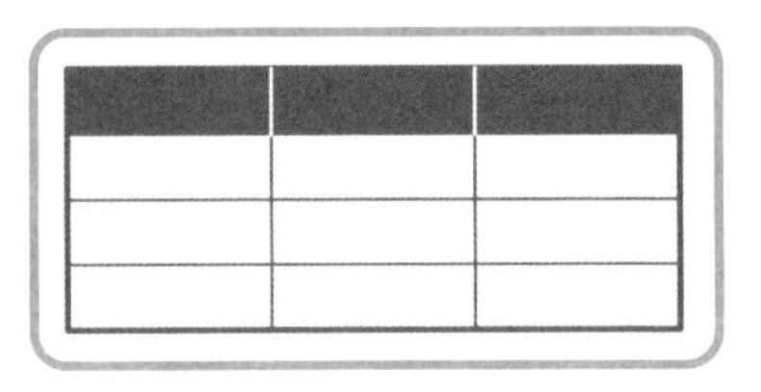

圖2-5　「欄」相當於「行」，「紀錄」相當於「列」

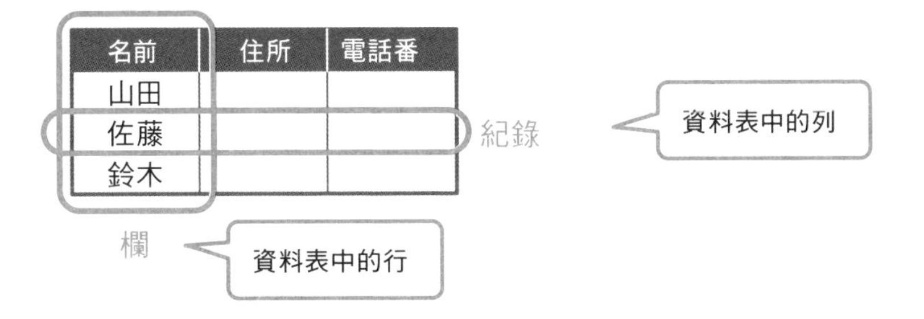

圖2-6　「欄位」相當於各筆紀錄中的輸入項目

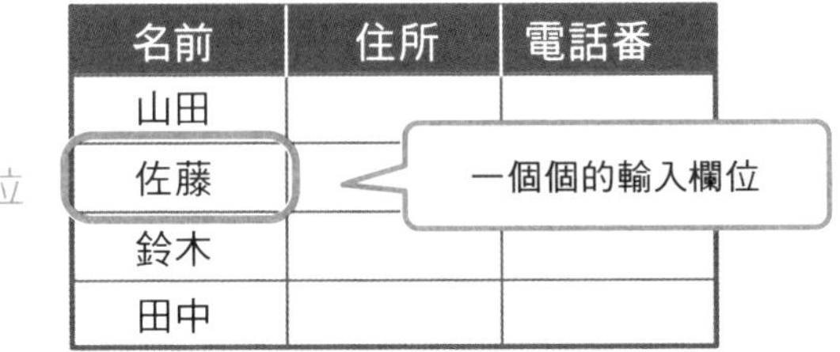

Point

- 資料表是用來儲存資料的表。
- 欄相當於資料表的行。
- 紀錄相當於資料表的列。
- 欄位是各筆紀錄中一個個的輸入項目。

將表與表結合

什麼是合併資料表？

關聯式資料庫可以**組合多個相關資料表並取得資料**，稱為資料表合併（table join）。執行資料表合併時，要事先對兩個有關聯性的資料表建立一欄存放鍵值的欄位，以連結兩份資料表，兩份資料表的紀錄如果在這個欄位中的儲存值相同，就能將兩筆紀錄配對，合併輸出為一列。

讓資料表產生關聯的範例

我們以購物網站的資料表為例，想想要如何讓不同的資料表產生關聯。如圖 2-7，假設有「users」資料表，表中存有消費用戶的姓名與商品 ID，以及「items」資料表，儲存有商品 ID 與商品資料。為了讓兩個資料表產生關聯而建立「商品 ID」這個共同的欄位，這樣一來，就可以在「users」資料表查詢用戶購買商品的商品 ID，想進一步參考商品的詳細資料時，再到「items」資料表的「商品 ID」欄位中瀏覽儲存值相同的紀錄。

整合後取得資料

兩個資料表是各自獨立的，若希望可以一併取得消費用戶的姓名、購買商品名稱與價格資料，可以像圖 2-8 一樣合併資料表，這樣一來，就可以將「users」資料表的「商品 ID」欄位與「items」資料表的「商品 ID」欄位中儲存值相同的紀錄整合，再取得資料。

只要將一個資料表與其他資料表建立關聯，就可以在關聯式資料庫中將資料結合，以不同的方式呈現。

圖2-7 對不同資料表建立關聯的範例

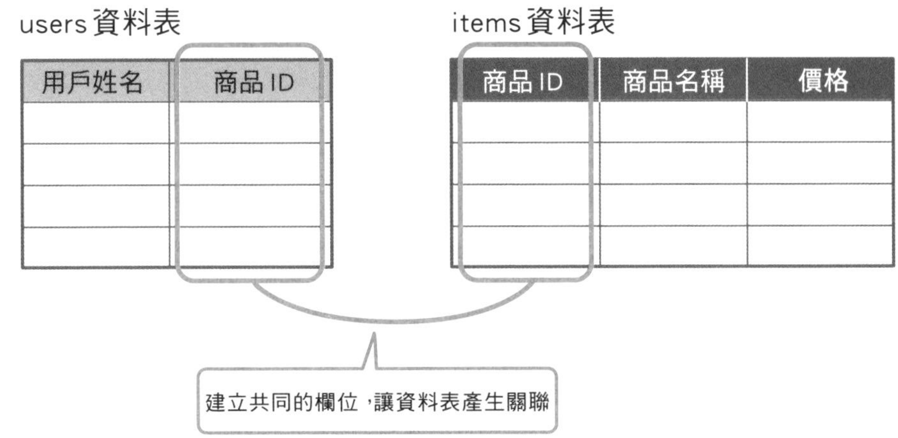

users 資料表

用戶姓名	商品 ID

items 資料表

商品 ID	商品名稱	價格

建立共同的欄位，讓資料表產生關聯

圖2-8 資料表合併的範例

users 資料表

用戶姓名	商品 ID
山田	2
鈴木	3
佐藤	2

items 資料表

商品 ID	商品名稱	價格
1	麵包	100
2	牛乳	200
3	起司	150
4	雞蛋	100

合併

用戶姓名	商品名稱	價格
山田	牛乳	200
鈴木	起司	150
佐藤	牛乳	200

Point

- 關聯式資料庫中，將多個有關聯的資料表組合並取得資料，就稱為資料表合併。
- 對不同的資料表建立關聯，就能在關聯式資料庫呈現出各種形式的資料。

關聯式的優缺點

關聯式的優點

關聯式資料庫廣泛受到使用，是因為它具備了許多優點（圖 2-9）。

關聯式資料庫可以事先對儲存資料設定規則，例如只能儲存數值、不能儲存空白欄位等，這樣一來，就能讓資料的格式統一，**如果試圖登錄格式不符規定的資料，系統也具備安全機制，可以回復到執行處理前的狀態**。

此外，關聯式資料庫是以對多個資料表建立關聯的方式儲存資料，這種設計可以避免相同的資料分散多處，更新資料時可以只修正一個地方，因此可以降低更新的成本。

而使用 1-6 所提到的 SQL，就可以登錄、刪除、取得資料，即使使用複雜的條件搜尋與統計資料，也可以取得正確的結果。

關聯式的缺點

關聯式資料庫的缺點則可列舉如下（圖 2-10）。

首先，隨著資料量更龐大，**處理速度的緩慢程度就更加明顯**，複雜的處理與統計更可能引發大規模的延遲情況。

由於關聯式資料庫嚴格地保持資料的一致性，因此也很難為了提升處理能力，將資料分散儲存於不同的伺服器。

此外，像是圖形資料，還有階層式且自由度較高的資料，如 XML 與 JSON 等非結構化資料，也難以透過關聯式資料庫來呈現。

圖2-9 關聯式資料庫的優點

圖2-10 關聯式資料庫的缺點

處理速度緩慢

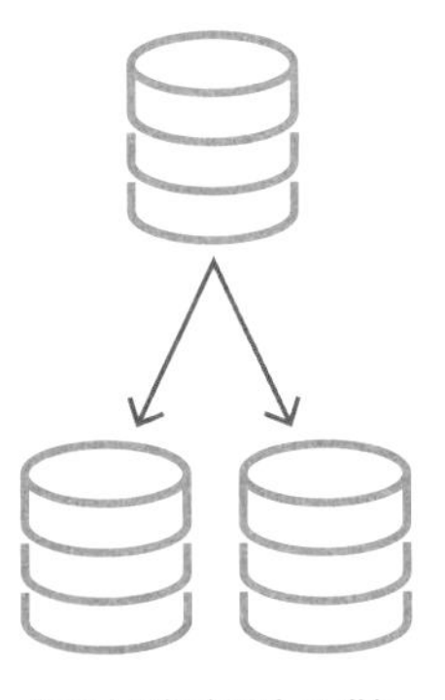

無法將資料分散

較難呈現某些資料

Point

- 關聯式資料庫有個好處，透過對資料詳細訂定規則，可以維持資料的完整性，讓資料的登錄與取得可以正確執行。
- 缺點是資料量過大時速度會變得很緩慢、無法將資料分散，而且也難以呈現某些資料。

關聯式以外的類型

NoSQL 是什麼？

NoSQL 是 Not Only SQL 的略稱，指的是**關聯式資料庫以外所有的資料庫管理系統**，如 MongoDB 與 Redis。目前為止介紹的都是最主流的關聯式資料庫，但近年來也有越來越多 NoSQL 的實際應用案例。

關聯式資料庫在管理儲存資料時相當嚴謹，可以維持資料的一致性與完整性，不過，資料量過於龐大時也會出現效能上的問題，像是處理速度緩慢與無法將資料分散等。尤其是現今這個時代，處理大數據這種巨量資料的需求提高，關聯式資料庫開始出現不敷使用的情況，而 NoSQL 恰好可以彌補這項缺點，因此也開始受到矚目（圖 2-11）。

NoSQL 的特色

NoSQL 類別的資料庫具備以下的特色。

- 優點
  - 運作速度快，可以處理大量資料
  - 可以儲存的資料結構相當多元
  - 可以分散處理資料
- 缺點
  - 不支援關聯式資料庫中的資料合併功能
  - 較難維持資料的一致性與完整性
  - 通常不能使用交易（transaction）（參考 4-14）功能

由於 NoSQL **可以高速處理多種大容量的資料**，因此被應用在資料解析與需要進行即時處理的內容（contents）（圖 2-12）。

圖2-11 關聯式與 NoSQL 的差異

最為普及的關聯式資料庫

不具關聯式特性的NoSQL

圖2-12 NoSQL 的應用範例

大量資料分析

需要即時處理的遊戲

豐富的網頁內容

Point

- NoSQL 指的是關聯式以外的資料庫管理系統。
- NoSQL 重視的是能否迅速處理大量的資料，而非資料的完整性，因此大多會用在需要分析大量資料與即時處理的情況。

» NoSQL 資料庫的種類①
～由鍵與值組成的資料模型～

NoSQL 的資料模型種類

NoSQL資料庫依照資料的型態分為幾個種類，接下來將介紹幾種模型供讀者參考。

- 鍵值式

  鍵值式是可以將「鍵」與「值」兩種資料配對並儲存的模型（圖 2-13）。在「值（Value）」的部分存入想要記錄的資料，而用來識別該筆資料的值則存為「鍵（key）」。

  例如，在「鍵」的部分儲存今天的日期，「值」則存入氣溫與溼度等資料，之後就能根據「鍵」的日期，取得「值」所存放的天氣資料。透過這個方式，就可以把兩個值——主要的資料值與識別用的資料值組合成一筆資料，再一筆一筆儲存。想要透過「鍵」迅速取得資料時，最適合使用這種模型。

  鍵值式的特徵是結構簡單，因此讀寫相當迅速，之後將資料分散時也比較容易。使用鍵值式的例子有網站存取記錄、購物網站的購物車，以及網頁的快取等。

- 欄導向式

  欄導向式就像是鍵值式資料結構的擴充版，用來識別單一列的「鍵」，可以對上多個鍵與值的組合（圖 2-14）。

  欄導向式的結構是一列對上多行（欄），與關聯式資料庫有些相似，不過欄位的名稱與數量並不固定。欄導向式的特徵是**每一列都可以不斷新增欄位，即使是其他列沒有的欄位也可以加入**。

  每一列在儲存資料時並不需要採取固定的格式，以儲存使用者資料為例，將各個使用者分配到不同列之後，分別都可以再新增欄位，不斷加入新的資料。

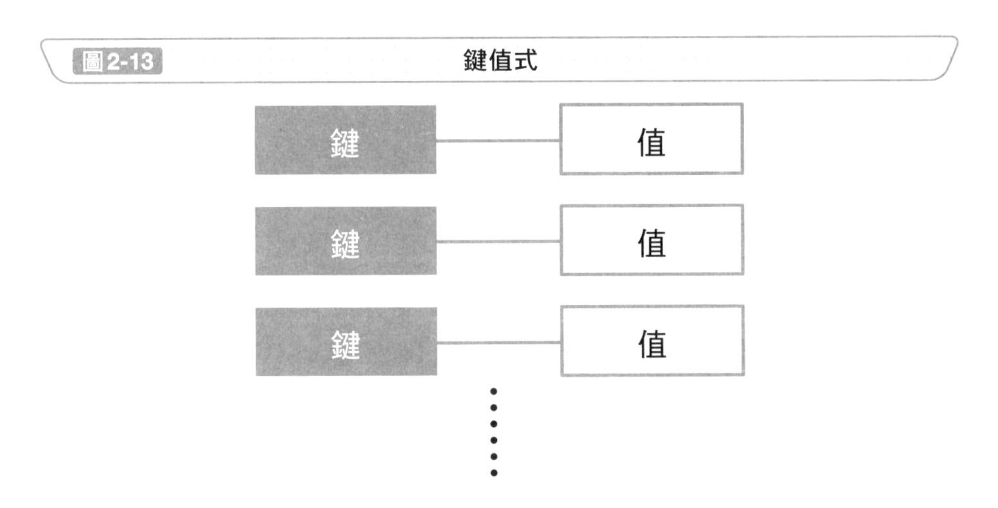

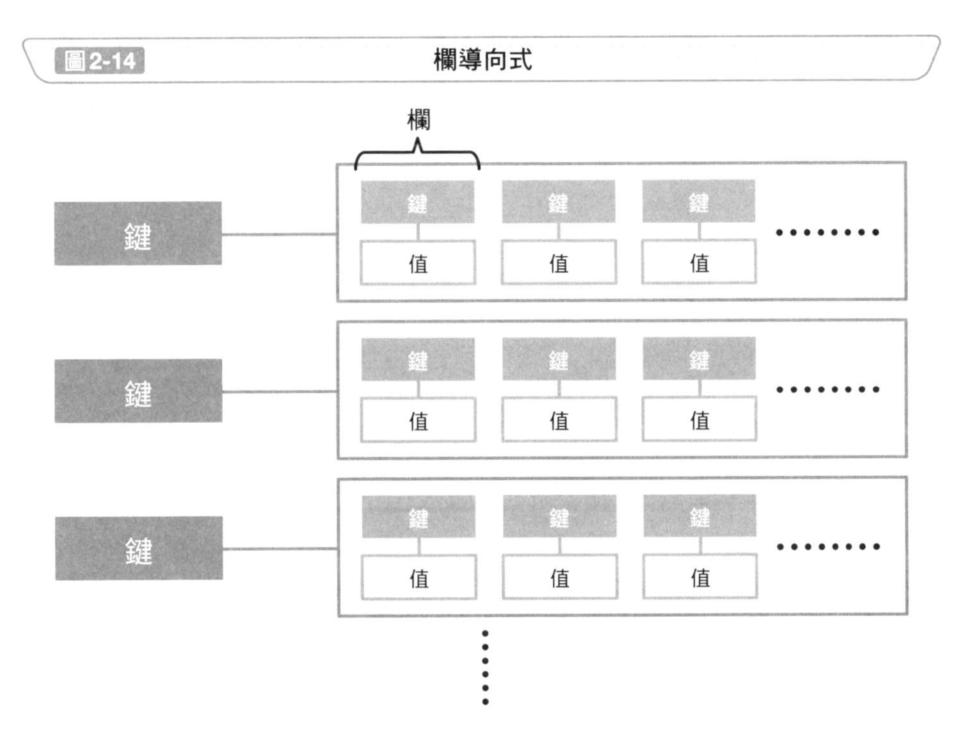

Point

- 鍵值式的資料模型可以將鍵與值兩筆資料配對儲存。
- 在欄導向式的資料模型中，用來辨識單一列的鍵可以對上多個鍵與值的組合。

NoSQL 資料庫的種類②
～呈現階層結構與關聯性的模型～

文件式

文件式的資料模型可以用來儲存具有階層式結構的資料，例如 JSON 與 XML（圖 2-15），較具代表性的資料庫管理系統有 MongoDB。文件資料庫的強項在於不需要事先指定資料結構，任意結構的資料都能直接儲存。

例如在網路應用程式中相當常見的 JSON 資料就包含多個項目，而每個項目通常會透過陣列與雜湊等方式建立更深的階層結構，如果要將這種複雜的結構存入關聯式資料庫，就必須對儲存的資料進行一番篩選，在分析各資料的格式後修改為適當格式，再予以儲存，而且，資料結構若是中途改變，也會需要重新評估資料表的設計。如果使用文件資料庫，就可以直接儲存所接收的資料，**即使之後資料的結構改變，也不需要更改資料庫的設計**。

圖形式

圖形式是最適合用來呈現關聯性的模型（圖 2-16）。

舉例來說，使用者 A 與使用者 B 是朋友，B 與 C、D 是朋友，圖形式非常擅長儲存這種網路式結構的資料。以這個例子來看，使用者 A 稱為節點（node），各個使用者之間的關係是關聯性（relationship），節點與關聯性所具備的特性則是屬性（property），而圖資料庫可以儲存這三個要素。**例如在查詢某位使用者的朋友的朋友這類關係時，使用圖形式就能夠迅速完成**。

透過圖資料庫，我們可以從每個使用者之間的關聯性分析使用者感興趣的內容，因此也能應用在購物網站的推薦系統，以及找出地圖應用程式裡最有效率的路線等。

圖2-15 文件式

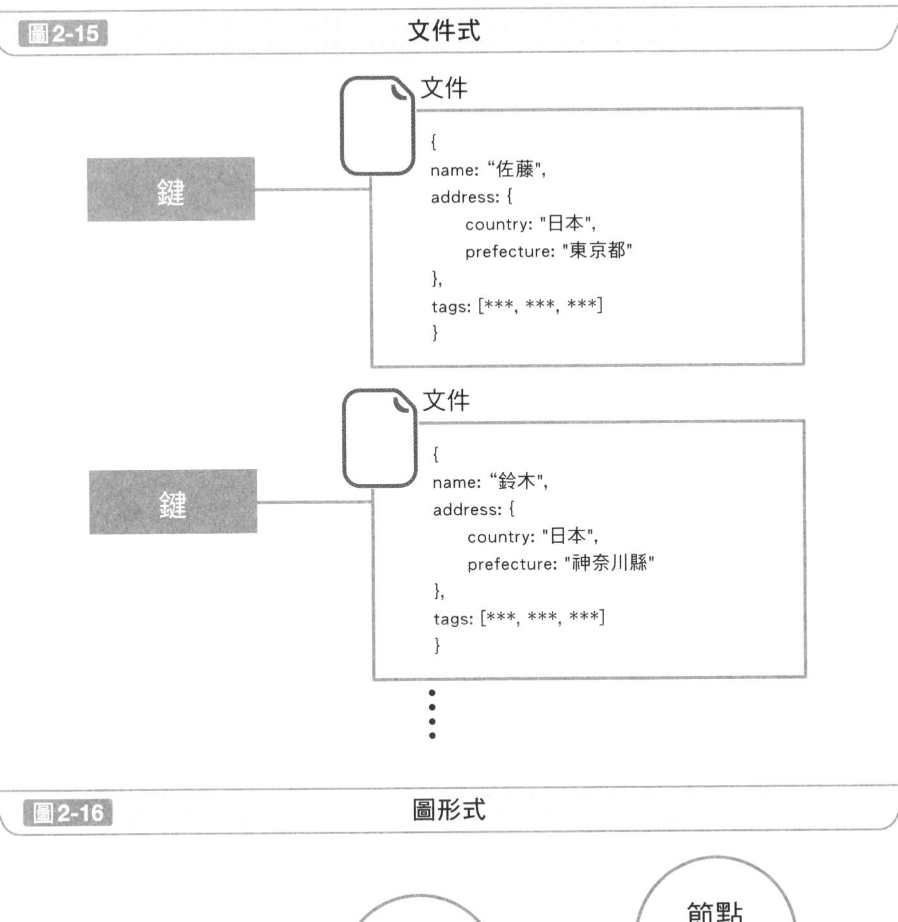

圖2-16 圖形式

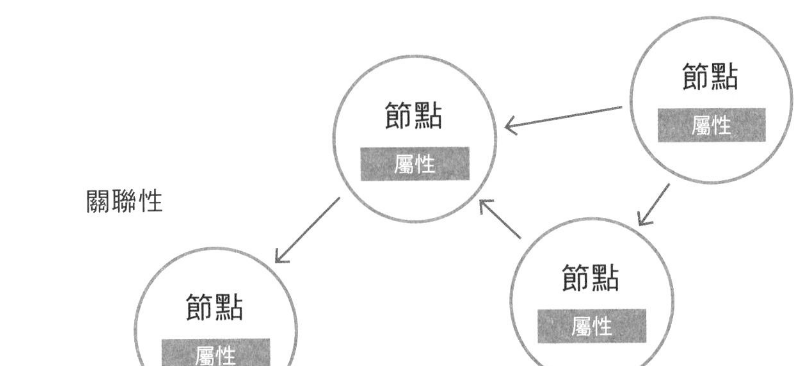

Point

- 文件式是一種資料模型，可以儲存 JSON 與 XML 等具有階層式結構的資料。
- 圖形式是可以呈現出關聯性的資料模型。

小試身手

嘗試建立資料庫

我們現在就試著使用關聯式資料庫，將圖書館的藏書，以及記錄聯絡方式的通訊錄建立成資料庫。先想想看需要什麼樣的資料表與欄位，以及新增紀錄時要在欄位中輸入什麼樣的值。

圖書館藏書範例

書名	作者姓名	分類	借閱情況
程式設計入門	山田　太郎	IT	已借出
資料庫應用術	鈴木　一郎	IT	在架上
工程師的工作術	齊藤　次郎	商業	已借出

通訊錄範例

姓名	羅馬拼音	電話號碼	郵件地址
山田　太郎	Yamada Tarou	090-****-****	yamada@***.com
鈴木　一郎	Suzuki Ichirou	090-****-****	suzuki@***.com

第3章

資料庫的操作

～SQL的使用方式～

» 操作資料庫前的準備

操作資料庫前的準備與資料庫系統連線方式

1-6 已經介紹操作資料庫時使用的 SQL 語言，接下來將進一步說明有哪些 **SQL 指令**。

使用 SQL 指令操作資料庫前，必須先與資料庫管理系統連線，這個概念就像是網路購物時需要先登入購物網站，登入後就可以查詢自已的帳戶資料和曾經購買的商品，也可以接收系統的通知，而資料庫管理系統也一樣，與系統連線後，系統就會做好接收指令的準備。

存取資料庫時，最常見的就是**使用可以輸入指令的軟體，執行存取資料庫的指令**。不同的資料庫管理軟體使用的指令不同，不過通常都需要指定主機名稱、使用者名稱、密碼，還有資料庫的名稱。圖 3-1 的指令是使用 MySQL 作為資料庫管理軟體的範例。

連線時不使用指令

如果不是開發人員，應該並不熟悉指令的操作，使用指令的難度可能太高，不過有些資料庫管理系統會提供用戶端軟體，讓使用者透過軟體與系統連線，或是使用者也可以透過瀏覽器上專用的管理頁面來操作資料庫（圖 3-2）。如此一來，**就算不使用指令，透過使用電腦軟體般的直覺操作，也可以連上並操作資料庫**。軟體涵蓋的功能範圍各不相同，不過希望進行更高階的操作與更細部的設定時，都還是需要使用 SQL。

圖3-1　與資料庫連線

指令

```
mysql -h 主機名稱 -u 使用者名稱 -p 資料庫名稱
```

連線

指令輸入軟體　　資料庫管理系統

圖3-2　透過用戶端軟體與管理網頁連線

安裝

用戶端軟體

連線

資料庫管理系統

從瀏覽器存取

專用管理頁面

連接

Point

- 使用 SQL 指令操作資料庫時，必須與資料庫管理系統連線。
- 除了可以使用指令外，也可以透過專用的用戶端軟體或管理頁面與資料庫連線。

» 資料操作指令的基本語法

SQL 語言是有規則的

操作資料庫時使用的 **SQL 語句**是遵循一定規則所構成，只要掌握概略的基礎語法，就能更加容易理解語句的意涵。

SQL 語句的格式**基本上是將指定的項目與值分配為一組，再將各個組合串連**。例如圖 3-3「SELECT」語句的指令，可以看出是將項目與值的組合串連，而語句的最後一定會附帶一個分號（;）。（關於「SELECT」可以參考 3-7）。

SQL 語句的範例

圖 3-4 是從資料表取得資料的指令範例，我們可以將這個指令分解如下。

- SELECT name：顯示「name」欄的值
- FROM menus：從「menus」資料表取得資料
- WHERE category = '日式料理'：搜尋「category」欄位儲存值為「日式料理」的紀錄

將上述三點結合所形成的指令句，代表要從「menus」資料表搜尋「category」欄位中的「日式料理」紀錄，並顯示該紀錄在「name」欄的值。

這裡舉的例子是取得資料表中儲存值的 SQL 語句，其他還有許多不同的指令，像是新增、編輯、刪除紀錄等，而這些語句的語法都與剛才介紹的相同（圖 3-5）。因此，只要記住「FROM」與「WHERE」等項目的意思，理解 SQL 語句會變得很容易。

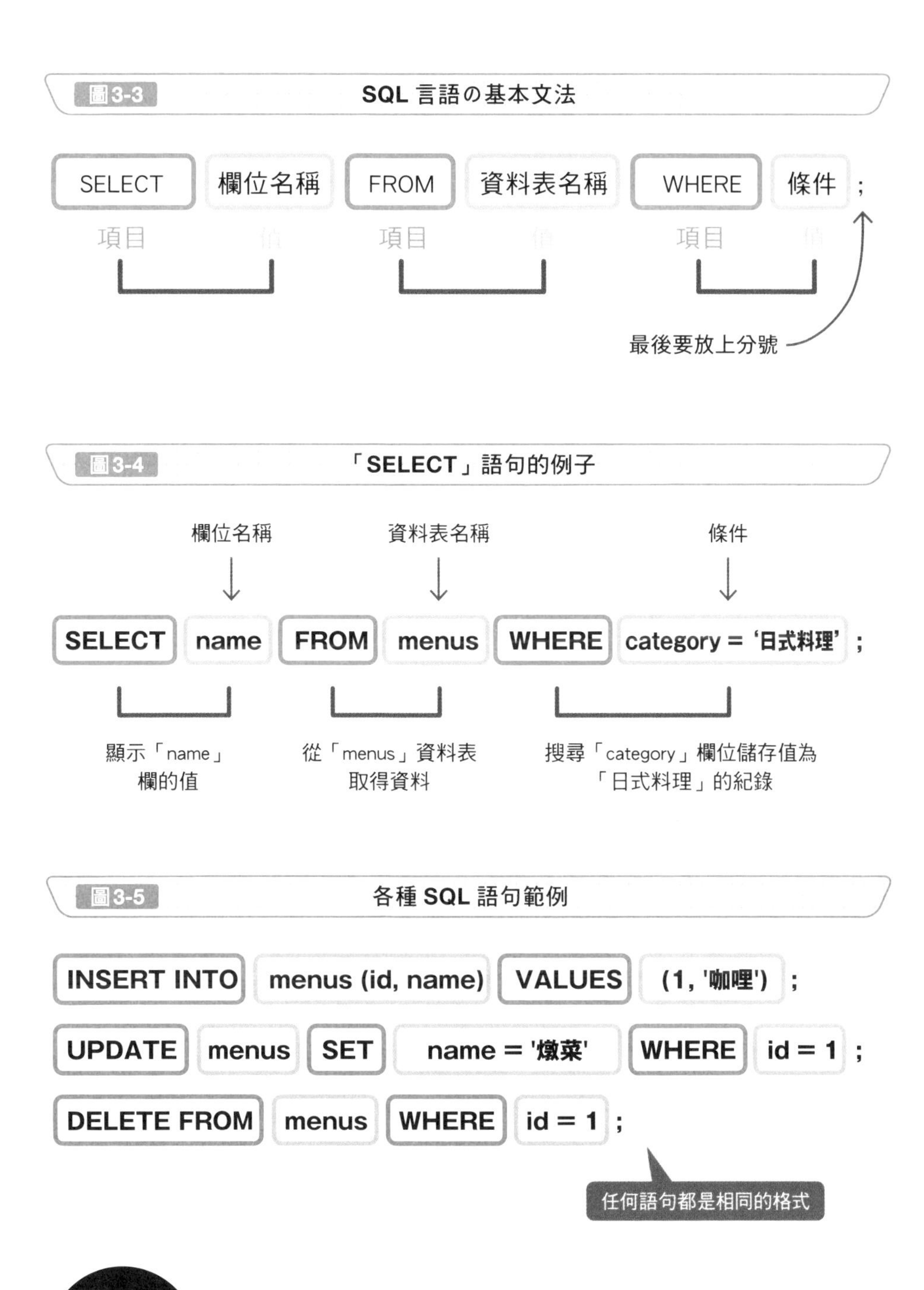

圖3-3 SQL 言語の基本文法

圖3-4 「SELECT」語句的例子

圖3-5 各種 SQL 語句範例

Point

- SQL 語言的基本格式是將指定的項目與值分為一組，再將各組串連。
- 句子的最後要加上分號（;）。

建立、刪除資料庫

管理多個資料庫

我們可以在資料庫管理系統上管理多個資料庫（圖 3-6）。例如，建立一個資料庫管理某商店的商品資料後，也可以再建立一個用途完全不同，供行程管理應用程式使用的資料庫。這些資料庫**的用途雖然不同，但都可以使用同一個資料庫管理系統管理**。

而開發應用程式時，除了實際上線後使用的資料庫，也可以再另外**建置一個測試時開發環境專用的資料庫**。

建立資料庫

建立新的資料庫時，要使用指令來指定資料庫的名稱，建議命名為容易分辨資料庫用途的名稱，之後看到名稱時才容易區別。

圖 3-7 是使用指令建立資料庫的範例，名稱為「資料庫 D」。以 MySQL 為例，建立資料庫時要使用「**CREATE DATABASE**」指令。

刪除資料庫

不需要的資料庫也能予以刪除，不過刪除後資料庫所儲存的資料都會消失，必須留意。

圖 3-8 是使用指令刪除「資料庫 D」的範例。以 MySQL 為例，刪除資料庫要使用「**DROP DATABASE**」指令。

圖3-6 管理多個資料庫

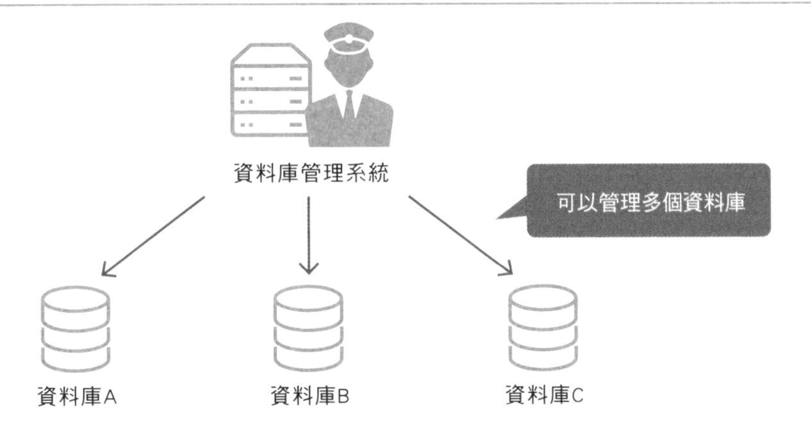

圖3-7 建立資料庫

指令

CREATE DATABASE 資料庫 D；

圖3-8 刪除資料庫

指令

DROP DATABASE 資料庫 D；

Point

- 可以在資料庫管理系統中管理多個資料庫。
- 建立資料庫時，要使用「CREATE DATABASE」指令。
- 刪除資料庫時，要使用「DROP DATABASE」指令。

» 顯示所有資料庫、選擇資料庫

顯示所有的資料庫

建立好的資料庫名稱也可以列出查看。以 MySQL 為例，可以使用「**SHOW DATABASES**」指令（圖 3-9）。

以 **3-3** 的方式建立資料庫後，可以藉由這個功能確認資料庫是否正確建立，在刪除資料庫前，或選擇資料庫（之後會說明）的時候，這個功能也可以用來確認刪除與選擇的資料庫名稱。

先選擇資料庫再進行操作

要對資料庫進行某項操作，**就必須先從眾多的資料庫中指定操作對象。**以 MySQL 為例，要使用「**USE**」指令，如圖 3-10，在「USE」後方指定資料庫的名稱，就可以宣告要使用哪個資料庫，而之後的操作也是在該資料庫中執行。

之後的小節也會介紹資料表的建立與刪除，以及資料取得等操作，這些操作也都是在特定的資料庫中執行，因此在操作前一定要事先指定資料庫。

切換資料庫

如果對某個資料庫執行操作的過程中想要切換至其他資料庫，就必須再次執行「USE」指令來指定其他資料庫，指定完成後，操作對象就會切換為新指定的資料庫。

圖3-9 顯示所有資料庫

指令

SHOW DATABASES;

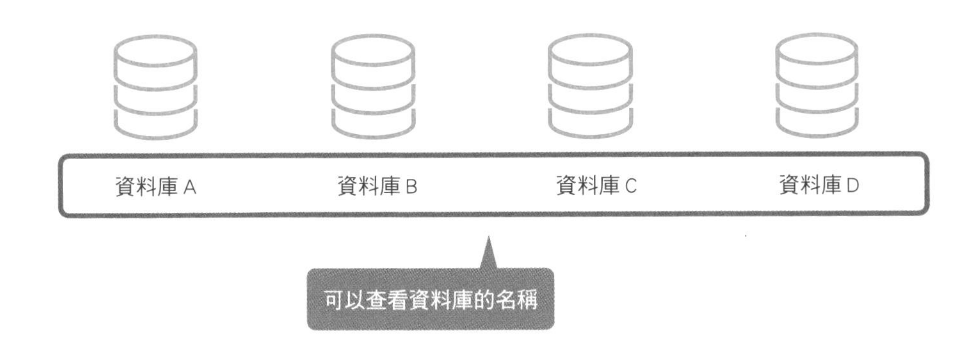

圖3-10 選擇資料庫

指令

USE 資料庫C;

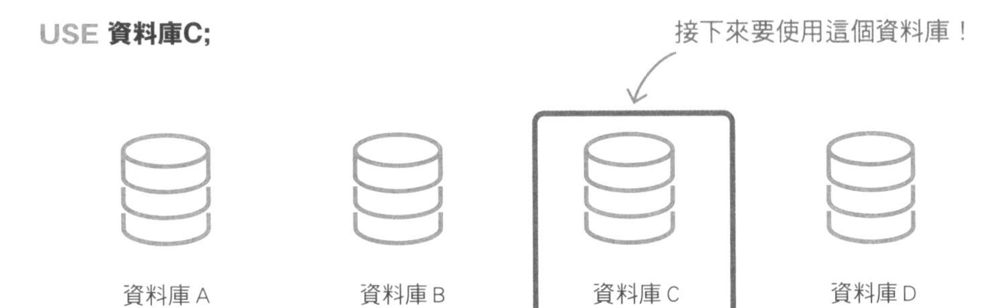

Point

- 顯示所有資料庫的名稱時，要使用「SHOW DATABASES」指令。
- 要對資料庫執行某項操作時，要先使用「USE」指令選擇資料庫。

建立、刪除資料表

建立資料表

在 **2-2** 我們曾經介紹過，儲存資料時使用的表格稱為資料表，使用 SQL，就可以建立資料表。

MySQL 是使用「**CREATE TABLE**」指令建立資料表，建立時需要指定資料表與欄位（行）的名稱，以及資料類型（資料類型請參考 **4-1**）。圖 3-11 所建立的是名為「menus」的資料表，表中含有「id」和「name」欄位。

資料庫中可以建立多個資料表

我們可以在 **3-3** 所建立的單一資料庫中新增多個資料表，每份資料表都只能在最開始設定的欄位項目儲存資料，如果想要儲存其他種類的資料，通常要再**另外建立資料表，以不同的資料表將資料分別管理**，就像是圖書館的資料庫也會將館藏資料表，以及書籍借閱記錄的資料表分開建立一樣（圖 3-12）。

刪除、查詢資料表

不再需要某份資料表，或是錯誤建立資料表的時候也可以予以刪除，在 MySQL 中會使用「**DROP TABLE**」指令，指定希望刪除的資料表名稱。圖 3-13 是刪除「menus」資料表的範例。

另外，也可以查詢所有已建立的資料表，MySQL 使用的是「SHOW TABLES」指令，使用這個指令就可以**確認資料表是否正確建立，以及查詢資料庫有哪些資料表**。

圖3-11 建立資料表

指令

CREATE TABLE menus (id INT, name VARCHAR(100));

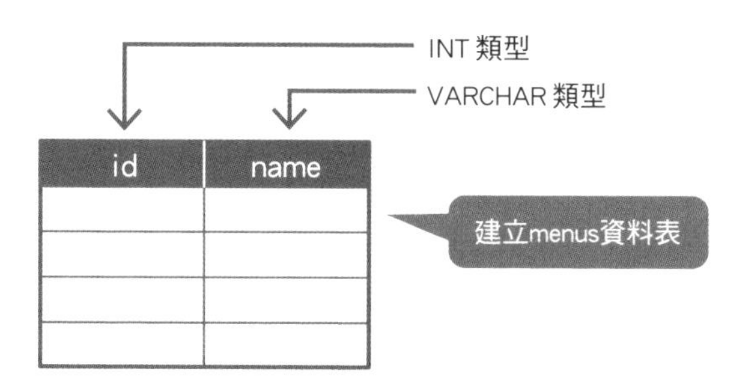

圖3-12 在資料庫中建立多個資料表

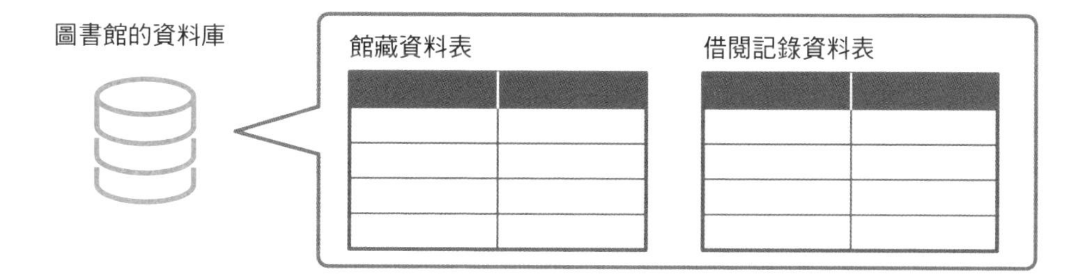

圖3-13 刪除資料表

指令

DROP TABLE menus;

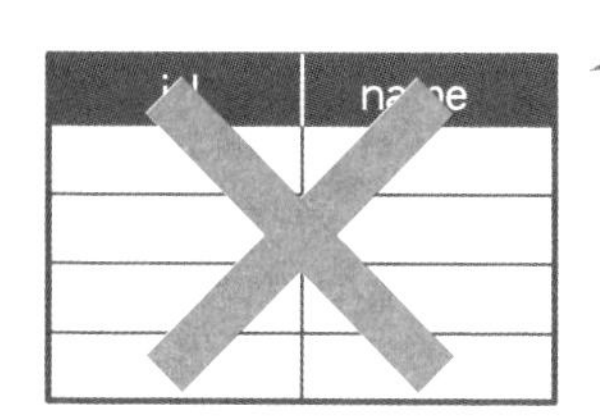

Point

- 建立資料表時，要使用「CREATE TABLE」指令。
- 刪除資料表時，要使用「DROP TABLE」指令。
- 使用「SHOW TABLES」指令，可以顯示所有資料表的名稱。

新增紀錄

新增紀錄（列）

在 **2-2** 曾經提到紀錄就相當於資料表中的列，接下來我們要試著使用 SQL，在資料表中新增紀錄。

以 MySQL 為例，新增紀錄到資料表時要使用「**INSERT INTO**」指令，並且指定操作的資料表名稱、每個欄位的名稱，以及要存入欄位的值。

圖 3-14 的例子是在「menus」資料表中新增 id 為「1」，name 為「咖哩」的紀錄。透過相同的方式再新增 id 為「2」，name 為「燉菜」的紀錄，這樣一來，就能將資料逐一存入資料表。

留意資料類型

新增紀錄時，指定的值必須**符合欄位的資料類型**，資料類型在 **4-1** 會再詳細説明，這裡先舉個簡單的例子，如果 id 欄屬於數值類型，那麼存入該行的值就只能是數值（圖 3-15）。

當輸入值與欄位的資料類型不符，不同的資料庫管理系統會採取不同的處理方式，有些會回報錯誤，有些則是會配合欄位的資料類型把值調整為正確格式，再予以儲存。

如果試圖在數值類型的欄位中存入字串，以 MySQL 為例，會自動在 id 欄存入「0」。反之，如果試著在字串類型的欄位中輸入數值 1，「1」就會自動被存為字串。雖然一樣都是「1」，在資料上卻有著字串與數值的分別（指令會將「1」視為數值，「'1'」則視為字串，藉此加以區別）。

圖3-14 新增紀錄

指令

```
INSERT INTO menus (id, name) VALUES (1, '咖哩');
```

menus資料表

id	name
1	咖哩

新增紀錄

圖3-15 儲存值的資料類型與欄位不符，則無法儲存

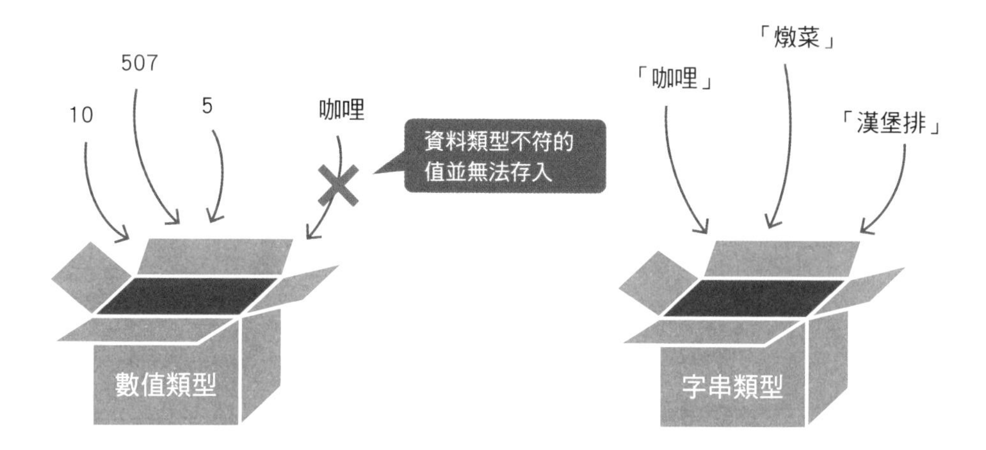

Point

- 在資料表中新增紀錄時，要使用「INSERT INTO」指令。
- 新增紀錄時，所指定的儲存值必須與欄位的資料類型相符。

取得紀錄

紀錄的取得

想要從儲存著使用者資料的資料表中查詢聯絡方式，或是想要從存有行程資料的資料表中查詢今日行程，就必須取得資料表的儲存資料，這時候，我們能**以各種格式取得資料表的紀錄，從中查詢所需要的資料**。

取得資料表的紀錄時要使用「**SELECT**」指令指定資料表的名稱。

圖 3-16 是從「menus」資料表取得資料的範例。執行指令之後，就可以取得儲存於資料表中的所有資料。

只瀏覽指定欄位的值

如圖 3-16，在「SELECT」後方加上「*」，就可以從資料表查詢所有欄位的值，如果以欄位名稱取代「*」，就可以只瀏覽指定欄位的值。

例如圖 3-17，在「SELECT」後方指定「name」，就可以只取得「name」欄的值。

指定多個欄位

也可以使用「,」區隔並指定多個欄位名稱。

如圖 3-17，將「name」改為「name, category」之後，就可以取得「name」與「category」這兩行的值。透過這樣的方式，我們**可以立即從資料庫取得所需資料，以各種形式取得需要的值**。

圖3-16 從資料表取得資料的範例

指令

```
SELECT * FROM menus;
```

取得儲存於資料表的紀錄

menus資料表

name	category
漢堡排	西式料理
馬鈴薯燉肉	日式料理
歐姆蛋	西式料理

圖3-17 取得指定欄位資料的範例

指令

```
SELECT name FROM menus;
```

menus資料表

name	category
漢堡排	西式料理
馬鈴薯燉肉	日式料理
歐姆蛋	西式料理

只取得「name」欄的值

Point

- 取得儲存於資料表的紀錄時，要使用「SELECT」指令。
- 在「SELECT」後方加上「*」可以取得所有欄位的值，若是指定欄位名稱，就可以只取出特定欄位的值。

篩選出符合條件的紀錄

指定搜尋條件

透過 **3-7** 所介紹的方法，我們可以取得所有的紀錄，這個做法在資料筆數較少時並沒有什麼問題，不過，若是一份資料表中有數千、數萬筆紀錄，找資料就會變成一項困難的任務，這時候我們可以使用「**WHERE**」來**篩選符合條件的紀錄**。

如果只想從某欄的儲存值取出與指定值相等的紀錄，可以在搜尋條件中使用「=」。例如要從「users」資料表中查詢「age」欄的值為「21」的紀錄時，就可以在「WHERE」後方指定「age = 21」這項條件（圖 3-18）。

取得符合多個搜尋條件的紀錄

指定多個搜尋條件時要使用「**AND**」。如果想要從「users」資料表找出「name」欄的值為「山田」，「age」欄的值為「21」的紀錄時，要使用「AND」來串連「name = '山田'」與「age = 21」這兩個條件（圖 3-19）。

而搜尋資料時如果只需要符合多個搜尋條件的其中一個，就可以使用「**OR**」。例如要從「users」資料表找出「name」欄的值為「佐藤」或「鈴木」的紀錄時，就可以像圖 3-20 一樣，以「OR」連接「name = '佐藤'」與「name = '鈴木'」這兩個條件。

更複雜的搜尋條件指定方法

也可以將「AND」與「OR」組合，指定更複雜的搜尋條件。例如在「WHERE」的後方指定「age = 32 AND (name = '佐藤' OR name = '鈴木')」，就可以查詢「age」欄的值為「32」，「name」欄的值為「佐藤」或是「鈴木」的資料（圖 3-20）。

圖3-18 指定搜尋條件

指令

SELECT * FROM users WHERE age = 21;

name	age
山田	21
佐藤	36
鈴木	30
山本	18

取得「age」欄為「21」的紀錄

圖3-19 指定多個搜尋條件（AND）

指令

SELECT * FROM users WHERE name = '山田' AND age = 21;

name	age
山田	21
佐藤	36
鈴木	30
山本	18

取得「name」為「山田」，「age」為「21」的紀錄

圖3-20 指定多個搜尋條件（OR）

指令

SELECT * FROM users WHERE name = '佐藤' OR name = '鈴木';

name	age
山田	21
佐藤	36
鈴木	30
山本	18

取得「name」為「佐藤」或「name」為「鈴木」的紀錄

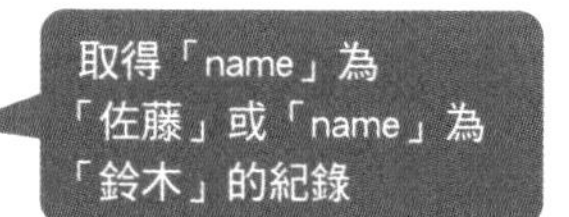

Point

- 篩選符合條件的紀錄時必須使用「WHERE」。
- 只想取得與指定值相符的紀錄時，可以在搜尋條件使用「=」。
- 指定多個搜尋條件時使用「AND」，如果只需要符合多個搜尋條件中的某一個，則使用「OR」。

搜尋時使用的符號①
～不相等的值、指定值的範圍～

搜尋條件中經常使用的運算子

搜尋時使用的符號，就稱為運算子。在 **3-8** 我們曾經使用「=」這個運算子來指定條件，而運算子其實還有許多不同的種類，接下來要介紹經常會在搜尋條件中使用的運算子。

不等於指定的值 (!=)

將 **3-8** 介紹的「=」代換為「!=」，就可以**搜尋不等於某個值的資料**。例如輸入「age != 21」，就可以搜尋「age」欄中，值不是「21」的紀錄。

比某個值大或小（>、<、>=、<=）

在搜尋條件中使用「>」，就可以在儲存值中**搜尋大於某個值的資料**。
圖 3-21 的例子是搜尋「age」欄中，值大於 30 的資料（不包含 30）。如果將「>」改成「>=」，就可以搜尋 30 以上（包含 30）的數值。
同理，使用「<」就可以設定「小於指定值」的搜尋條件，使用「<=」，則可以將搜尋條件設定為「指定值以下的數值」。

是否涵蓋於某個數值範圍（BETWEEN）

使用「BETWEEN」，就可以**搜尋涵蓋於某兩個值之間的資料**，圖 3-22 所搜尋的是「age」欄數值為 21 以上，25 以下的資料。
如果將「BETWEEN」更改為「NOT BETWEEN」，也可以從「age」欄搜尋不包含於 21 以上，25 以下的資料。

圖3-21 使用「>」取得資料

指令

```
SELECT * FROM users WHERE age > 30;
```

name	age
山田	21
佐藤	36
鈴木	30
山本	18

取得「age」欄中，
數值大於「30」的紀錄

圖3-22 使用「BETWEEN」取得資料

指令

```
SELECT * FROM users WHERE age BETWEEN 21 AND 25;
```

name	age
山田	21
佐藤	36
鈴木	30
山本	18

取得「age」欄中，
數值在「21~25」之間的紀錄

Point

- 取得與指定值不相等的紀錄時，可以使用「!=」作為搜尋條件。
- 將「大於某個數值」或「小於某個數值」寫為搜尋條件時，要使用「>」、「<」、「>=」、「<=」。
- 將「涵蓋於某個數值範圍」的概念寫為搜尋條件時，要使用「BETWEEN」。

搜尋時使用的符號②～包含指定值的資料、搜尋空值～

是否包含其中一個值（IN）

「**IN**」可以用來**搜尋含有其中一個指定值的資料**。圖 3-23 的例子是在搜尋「age」欄的值為 21 或 30 的資料。
此外，如果將「IN」更改為「NOT IN」，就可以搜尋「age」欄中，除了 21 與 30 以外的其他資料。

是否包含某個字元（LIKE）

「**LIKE**」可以用來**搜尋包含指定字元的資料**。圖 3-24 的例子是從「name」欄的值中，搜尋開頭為「山」的資料。如果將「LIKE」更改為「NOT LIKE」，則可以從「name」欄搜尋值的開頭不是「山」的資料。
搜尋時使用的「%」代表 0 個字元以上的字串，因此，如果以「% 山」取代「山 %」，就可以搜尋末端有「山」字的資料，若使用「% 山 %」，則可以搜尋字串中包含「山」字的資料。除了「%」之外，也有「_」符號，代表只有一個字元的字串。

是否為 NULL（IS NULL）

沒有值的欄位會呈現為「NULL」（參考 **4-8**），使用「**IS NULL**」，就可以**搜尋「NULL」的資料**，圖 3-25 的例子就是在搜尋「age」欄的 NULL 資料。
此外，將「IS NULL」更改為「IS NOT NULL」，就可以搜尋「age」欄中非「NULL」的資料。

圖3-23　使用「IN」取得資料

指令

SELECT * FROM users WHERE age IN (21, 30);

name	age
山田	21
佐藤	36
鈴木	30
山本	18

取得「age」欄中，
數值為「21」或「30」的紀錄

圖3-24　使用「LIKE」取得資料

指令

SELECT * FROM users WHERE name LIKE '山%';

name	age
山田	21
佐藤	36
鈴木	30
山本	18

從「name」欄取得開頭為
「山」的紀錄

圖3-25　使用「IS NULL」取得資料

指令

SELECT * FROM users WHERE age IS NULL;

name	age
山田	21
佐藤	36
鈴木	NULL
山本	18

取得「age」欄為
「NULL」的 紀錄

Point

- 將「是否包含於某個值」寫為搜尋條件時，要使用「IN」。
- 將「是否包含某個字元」寫為搜尋條件時，要使用「LIKE」。
- 將「是否為 NULL」寫為搜尋條件時，要使用「IS NULL」。

更新資料

更新紀錄

紀錄儲存到資料表之後，**可以再修改為其他內容**。例如因為使用者的聯絡方式變更而需要更改使用者資料表，或是希望將登錄錯誤的資料修改回來時，就可以將資料表中的資料更新。

更新紀錄的指令

更新資料表的紀錄時，要使用「**UPDATE**」指令。指令中必須指定更新的資料表名稱、欄位名稱、更新後的值，以及要更新哪筆紀錄等條件。

圖 3-26 的例子是要更新「menus」資料表中「id」欄為「1」的紀錄，將紀錄中「name」欄的值變更為「燉菜」。如圖所示，「SET」後方要指定更新的欄位與變更後的值，而變更後的值也能夠以逗號（,）區隔，指定多個欄位的名稱與值，像是「id = 2, name = '燉菜'」。

組合不同的搜尋條件

「UPDATE」指令經常與 **3-8** 所介紹的「WHERE」搭配使用，以指定想要更新的紀錄。上述例子是將「id」欄中，值為「1」的紀錄指定為更新對象，也可以使用其他運算子，透過各種搜尋條件指定不同的更新對象。

圖 3-27 的例子是指定「users」資料表中「age」欄的值為「30」以上的紀錄，將紀錄中「status」欄的值更新為「1」。也可以將「WHERE」後方的條件寫為「name LIKE '山 %'」，這樣就可以只更新「name」欄中，值的開頭為「山」的資料。

圖3-26 更新紀錄

指令

```
UPDATE menus SET name = '燉菜' WHERE id = 1;
```

menus資料表

id	name
1	咖哩 → 燉菜
2	漢堡排
3	拉麵
4	三明治

更新「id」為「1」的紀錄

圖3-27 更新紀錄時結合「>=」符號

指令

```
UPDATE users SET status = 1 WHERE age >= 30;
```

users資料表

name	age	status
山田	21	0
佐藤	36	0 → 1
鈴木	30	0 → 1
山本	18	0

更新「age」欄中，值為「30」以上的紀錄

Point

- 更新資料表所儲存的紀錄時，要使用「UPDATE」指令。
- 「UPDATE」指令經常與「WHERE」搭配使用，以指定更新的紀錄。

刪除資料

刪除紀錄

如果希望刪除已退出會員的使用者資料或錯誤登錄的資料，**資料表所儲存的紀錄是可以視需求刪除的**。

刪除資料表所儲存的紀錄時，要使用「**DELETE**」指令，並指定紀錄所在的資料表名稱，以及希望刪除的紀錄。

圖 3-28 的範例，是從「menus」資料表刪除「id」欄的值為「1」的資料。

組合不同的搜尋條件

「DELETE」和「UPDATE」一樣，經常會與 **3-8** 的「WHERE」搭配使用，以指定希望刪除的紀錄。上述例子將「id」欄為「1」的紀錄指定為更新的資料對象，不過也可以使用之前介紹的其他運算子，透過各種搜尋條件指定不同的更新對象。

圖 3-29 的範例，是要刪除「users」資料表中「age」欄的值不是「21」的紀錄。

也可以將「WHERE」後方的條件寫為「age IN (21, 25)」，就可以只刪除「name」欄的值為「21」或「25」的資料。

使用「DELETE」的注意事項

執行「DELETE」指令時如果沒有搭配「WHERE」指定刪除對象，則**資料表的所有紀錄都會被刪除**，因此必須特別注意。如果先使用「SELECT」取出要刪除的紀錄，才對取出資料使用「DELETE」指令，就可以避免預期外的錯誤。

圖3-28 刪除紀錄

指令

```
DELETE FROM menus WHERE id = 1;
```

menus資料表

id	name
~~1~~	~~咖哩~~
2	漢堡排
3	拉麵
4	三明治

刪除「id」的值為「1」的紀錄

圖3-29 刪除紀錄時搭配「!=」符號

指令

```
DELETE FROM users WHERE age != 21;
```

users資料表

name	age
山田	21
~~佐藤~~	~~36~~
~~鈴木~~	~~30~~
~~山本~~	~~18~~

刪除「age」欄中，值不是「21」的紀錄

Point

- 刪除資料表中的紀錄時，要使用「DELETE」指令。
- 「DELETE」指令經常與「WHERE」搭配使用，以指定希望刪除的紀錄。

將資料重新排序

將紀錄重新排序

資料表所儲存的紀錄，可以**在對儲存值重新排序之後，再取出資料**。

例如儲存使用者資料的資料表，可以依照年齡重新將紀錄排序，儲存行程資料的資料表也可以依照行程日期，將紀錄排序後再取得資料。

以升冪、降冪方式重新排列紀錄

重新排序並取得資料表中的紀錄時，要使用「ORDER BY」指令。在「**ORDER BY**」的後方指定欄位名稱，就可以將該欄位中的值以升冪（由小至大）排列。

圖 3-30 的範例是將「users」資料表中的紀錄，以「age」欄的值進行升冪排列，這樣一來，就可以從年齡較小的使用者開始依序取得資料。

如果在「ORDER BY」指定的欄位名稱後方加上「DESC」，就能夠以指定欄位進行降冪（由大至小）排列，重新排列紀錄。

圖 3-31 的範例，是將「user」資料表中的紀錄，以降冪方式對「age」欄的值重新排序，這樣一來，就可以從年紀較大的使用者依序取得資料。

結合「WHERE」的使用範例

重新排序也可以結合 **3-8** 所介紹的「WHERE」指令。如果寫為「WHERE age >= 30 ORDER BY age」，就可以只對「age」欄中，值為「30」以上的紀錄進行升冪排列並取得資料。透過這個方式，我們就能**以排序好的狀態取出符合指定條件的資料**。

圖3-30　以升冪方式重新排序

指令

```
SELECT * FROM users ORDER BY age;
```

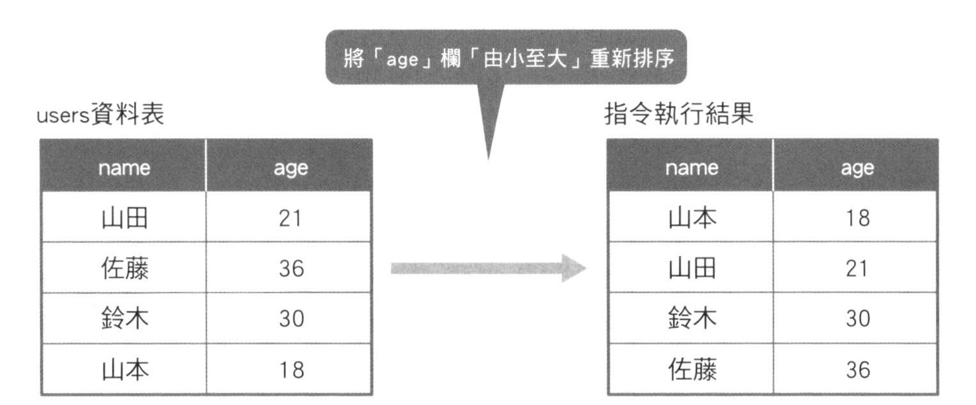

name	age
山田	21
佐藤	36
鈴木	30
山本	18

name	age
山本	18
山田	21
鈴木	30
佐藤	36

圖3-31　以降冪方式重新排序

指令

```
SELECT * FROM users ORDER BY age DESC;
```

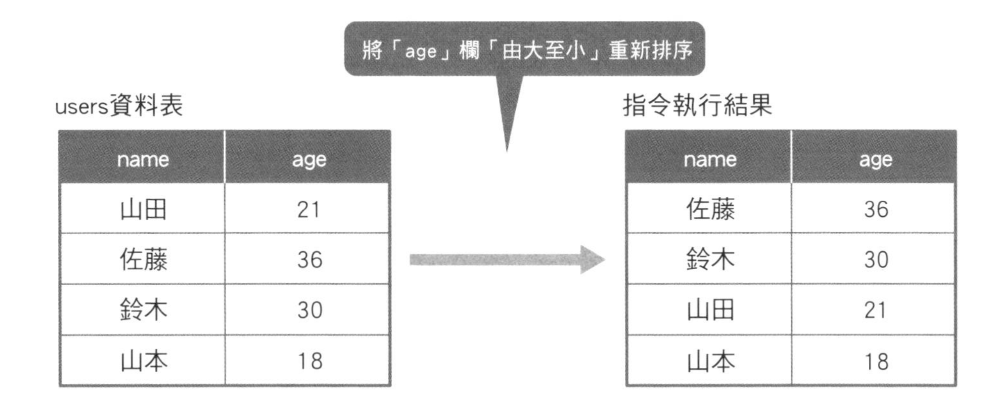

name	age
山田	21
佐藤	36
鈴木	30
山本	18

name	age
佐藤	36
鈴木	30
山田	21
山本	18

Point

- 重新排序並取得資料表所儲存的紀錄時，要使用「ORDER BY」指令。
- 以升冪方式重新排序時，要寫為「ORDER BY 欄位名稱」，以降冪方式重新排序時，要寫為「ORDER BY 欄位名稱 DESC」。

指定取得資料的筆數

指定取得紀錄的筆數

如果使用 **3-7** 介紹的「SELECT」指令，通常會**取得資料表中的所有紀錄**，這樣一來，取得的資料量可能會遠高於預期，或是明明只需要前幾筆資料，卻也得把其他的資料取出。

使用「**LIMIT**」，就可以**決定取得紀錄筆數的上限，超過上限的資料將不會被取出**。圖 3-32 是從「users」資料表取得開頭兩筆紀錄的範例，「LIMIT」後方所指定的數字會決定取得紀錄的筆數。

與「ORDER BY」組合的範例

「LIMIT」經常與 **3-13** 介紹的「ORDER BY」搭配使用。透過這個方式，我們能夠根據營收將紀錄由大到小重新排序，再取得前十筆商品資料，或者也可以取得五筆新增的商品資料。

如果寫為「ORDER BY age LIMIT 3」，就能以「age」欄的值從小到大排序，再取得前三筆紀錄。

指定取得資料的起始位置

「LIMIT」也可以與「**OFFSET**」搭配使用。「OFFSET」可以用來**指定資料取得的起始位置**，圖 3-33 的範例就是從「users」資料表的第三行取得一筆紀錄。使用「OFFSET」指定的數字以「0」為起始點，指定「0」就會從第一行開始，指定「1」就會從第二行開始取得資料。

如此一來，我們就不需要從前面的紀錄開始取出，可以**視需求從中間位置取出指定筆數的資料**，例如取出第十一到第二十筆紀錄。

圖3-32 指定取得的紀錄筆數

指令

```
SELECT * FROM users LIMIT 2;
```

users資料表

name	age
山田	21
佐藤	36
鈴木	30
山本	18

取得開頭兩筆紀錄

圖3-33 指定取得資料的起始位置

指令

```
SELECT * FROM users LIMIT 1 OFFSET 2;
```

由於起始點是0，
因此「0」代表第一行，「1」代表第二行
「2」代表第三行

users資料表

name	age
山田	21
佐藤	36
鈴木	30
山本	18

從第三行開始，取得一筆紀錄

Point

- 指定從資料表取得紀錄的筆數時，要使用「LIMIT」。
- 與「OFFSET」搭配使用，就可以指定資料取得的起始位置。

取得資料的筆數

計算紀錄的筆數

想要查詢存有使用者資料的資料表中包含幾位使用者，圖書館館藏資料表的總藏書量，又或是行程資料表中的行程數量時，可以**計算資料表的紀錄筆數，並取得其數值**。

取得資料表中儲存的紀錄筆數時，要使用 **COUNT 函數**，圖 3-34 是從「users」資料表取得紀錄筆數的例子。在「SELECT」後方加上「COUNT(*)」，就可以查詢資料表有幾筆紀錄，以這次的例子來說，傳回的結果是「4」。

與「WHERE」組合的範例

計算紀錄的筆數時，也可以搭配 **3-8** 所介紹的「WHERE」。

圖 3-35 的例子是從「users」資料表的「age」欄，取得數值為「30」以上的紀錄筆數。這個指令也可以用來計算男性與女性的人數，或是在儲存書籍資料的資料表中，以上市日期為搜尋條件取得本日上市的書籍數量等，用途相當多元。

去除沒有資料的紀錄再計算

沒有值的欄位會顯示為 NULL（參考 **4-8**），計算紀錄筆數時，也可以排除 NULL 的資料後再行計算。

在「SELECT」後方指定「COUNT(age)」，就可以在排除「age」欄的 NULL 資料後再計算紀錄筆數。

圖3-34 取得紀錄的筆數

指令

```
SELECT COUNT(*) FROM users;
```

users資料表

name	age
山田	21
佐藤	36
鈴木	30
山本	18

有四筆紀錄

圖3-35 取得符合條件的紀錄筆數

指令

```
SELECT COUNT(*) FROM users WHERE age >= 30;
```

users資料表

name	age
山田	21
佐藤	36
鈴木	30
山本	18

條件相符的紀錄有兩筆

Point

- 取得資料表所儲存的紀錄筆數時，要使用 COUNT 函數。
- 計算時，如果希望排除指定欄位中沒有資料的紀錄，則寫為「COUNT(欄位名稱)」。

取得資料的最大值、最小值

使用函數取得最大值與最小值

我們也可以從某個欄位的儲存值中取得最大值與最小值。例如，2,7,8,3 之中最大的數值為 8，最小的數值為 2，這些數值都可以透過指令取得。只要使用函數，即使有著大量的資料，也可以立即從資料表所儲存的資料取得最大值與最小值。

MAX 函數與 MIN 函數

要取得最大值，可以使用 **MAX 函數**。在「SELECT」後方加上「MAX(欄位名稱)」，就可以**從該欄位的儲存值中取得最大值**。圖 3-36 的範例是從「users」資料表的「age」欄儲存值中取得最大值，由於「age」欄儲存值有 21,36,30,18，因此執行指令後會傳回「36」的結果。

取得最小值則要使用 **MIN 函數**。在「SELECT」後方加上「MIN(欄位名稱)」，就可以**從該欄位的儲存值中取得最小值**。圖 3-37 是從「users」資料表的「age」欄中取得最小值的範例，由於「age」欄儲存值有 21,36,30,18，執行指令後會傳回「18」的結果。

與 WHERE 組合的範例

將圖 3-36 的指令加上搜尋條件「WHERE name LIKE ‘山 %’」，就可以在「users」資料表的「name」欄中，指定以「山」為開頭的紀錄，並從中取得「age」欄的最大值。以這次的例子來說，開頭為「山」的紀錄有「山田（age:21）」與「山本（age:18）」，在這個範圍下，「age」欄最大值的回傳結果會是「21」。

圖3-36 取得最大值

指令

```
SELECT MAX(age) FROM users;
```

users資料表

name	age
山田	21
佐藤	36
鈴木	30
山本	18

最大值為「36」

圖3-37 取得最小值

指令

```
SELECT MIN(age) FROM users;
```

users資料表

name	age
山田	21
佐藤	36
鈴木	30
山本	18

最小值為「18」

Point

- 從指定欄位的儲存值中取得最大值，要使用 MAX 函數。
- 從指定欄位的儲存值中取得最小值，要使用 MIN 函數。

取得資料的數值加總、平均值

使用函數取得總和與平均值

我們也可以從某個欄位的儲存值中取得總和與平均值，例如 2,7,8,3 的總和為 20，平均值為 5，這些值都可以透過指令取得。只要使用函數，即使有大量的資料，也可以輕易地從資料表所儲存的資料中取得總和與平均值。

SUM 函數與 AVG 函數

取得總和時可以使用 **SUM 函數**。在「SELECT」後方加上「SUM(欄位名稱)」，就可以**取得該欄位儲存值的總和**。圖 3-38 的範例是取得「users」資料表中「age」欄儲存值的總和，由於「age」欄儲存有 21,36,30,18，因此在執行指令後會傳回「105」的結果。

取得平均值則要使用 **AVG 函數**。在「SELECT」後方加上「AVG(欄位名稱)」，就可以**取得該欄位儲存值的平均值**。圖 3-39 的範例是取得「users」資料表中「age」欄儲存值的平均值，由於「age」欄儲存有 21,36,30,18，因此執行指令後會傳回「26.25」的結果。

與 WHERE 組合的範例

將圖 3-38 的指令加上搜尋條件「WHERE name LIKE '山 %'」，就可以在「users」資料表的「name」欄中，指定以「山」為開頭的紀錄，並從中取得「age」欄的總和。以這次的例子來說，開頭為「山」的紀錄有「山田（age:21）」與「山本（age:18）」，在這個範圍下，「age」欄總和的回傳結果為「39」。

圖3-38 取得總和

指令

```
SELECT SUM(age) FROM users;
```

users資料表

name	age
山田	21
佐藤	36
鈴木	30
山本	18

總和為「105」

圖3-39 取得平均值

指令

```
SELECT AVG(age) FROM users;
```

users資料表

name	age
山田	21
佐藤	36
鈴木	30
山本	18

平均值為「26.25」

Point

- 取得指定欄位儲存值的總和，要使用 SUM 函數。
- 取得指定欄位儲存值的平均值，要使用 AVG 函數。

將紀錄群組化

將紀錄群組化，再取得資料

資料表中欄位的儲存值也可以透過群組化的方式，將欄位值相同的紀錄合併後再輸出。以儲存書籍資料的資料表為例，可以依據類別來群組化，這樣就能取得不重複的類別清單，也能進一步將每個類別的書籍數量加總。如果依照登錄日期將資料群組化，就能統計不同日期的進貨數量。

將紀錄群組化時，要使用「**GROUP BY**」。圖 3-40 就是以「users」資料表的「gender」欄執行群組化的範例，如圖所示，「GROUP BY」後方必須指定群組化的欄位名稱。另外，由於「SELECT」所指定的是經過群組化的欄位「gender」，因此回傳的結果有「man」和「woman」。資料表雖然含有三筆「man」的紀錄，但欄位已經群組化，因此在顯示結果時，會將重複的值合併為一列後再取出。

取得每個群組的紀錄筆數

使用 **3-15** 所介紹的「COUNT」函數，就能取得每個群組的紀錄筆數。圖 3-41 的範例是將「users」資料表的「gender」欄群組化，並取得每個群組的紀錄筆數。執行後的顯示結果，是「SELECT」指定的「gender」欄儲存值，以及使用「COUNT(*)」計算的紀錄筆數。本次的範例中，取得的結果為「man」的紀錄三筆，「woman」的紀錄一筆。此外，這裡的「COUNT」函數也可以改成「MAX 函數」、「MIN 函數」(**3-16**) 或是「SUM 函數」與「AVG 函數」(**3-17**)。

使用逗點 (,) 區隔，就能對多個欄位進行群組化，例如指定「GROUP BY gender, age」後，就能將同時在「gender」與「age」欄具有相同儲存值的紀錄群組化。

圖3-40 將紀錄群組化

指令

SELECT gender FROM users GROUP BY gender;

users資料表

name	gender	age
山田	man	21
佐藤	man	36
鈴木	woman	30
山本	man	18

將紀錄整合為「man」與「woman」兩個群組

圖3-41 取得每個群組的紀錄筆數

指令

SELECT gender, COUNT(*) FROM users GROUP BY gender;

users資料表

name	gender	age
山田	man	21
佐藤	man	36
鈴木	woman	30
山本	man	18

「man」的紀錄有三筆
「woman」的紀錄有一筆

Point

- 將具有相同欄位值的紀錄群組化時，要使用「GROUP BY」。
- 搭配函數使用，就可以取得每個群組的紀錄筆數、最大值、最小值、總和、平均值等。

對群組化的資料指定篩選條件

進一步篩選群組化的結果

使用 **3-18** 介紹的「GROUP BY」將資料群組化之後，可以進一步對資料指定篩選條件。例如儲存書本資料的資料表，我們除了可以將其中的紀錄依照登錄日期群組化，再統計每個日期進館的書籍數量外，還可以進一步指定條件，只抽取符合特定日期的結果。透過這樣的方式，我們可以**從群組化的結果篩選並取得所需資料**。

新增篩選條件時，要使用「**HAVING**」。圖 3-42 的範例是將「users」資料表的「gender」欄群組化，並加總每個群組的紀錄筆數，之後再篩選出有三筆紀錄以上的結果。由於「HAVING」後方有對群組化之後的加總結果指定篩選條件，因此最後只取得「man」的紀錄三筆這項結果。

「WHERE」與「HAVING」的差異

兩者都是用來指定搜尋條件，不過執行的順序卻有所不同，**以「WHERE」指定的條件會在群組化之前執行，以「HAVING」指定的條件則是在群組化之後執行**。如果想對使用者資料表中，同一年齡登錄有三位以上男性使用者的紀錄進行筆數加總，指令將如圖 3-43，而處理順序如下。

❶ 使用「WHERE」抽取「男性」的紀錄

❷ 使用「GROUP BY」與「COUNT(*)」，依照年齡將資料群組化與加總

❸ 使用「HAVING」抽取同一年齡登錄有三筆以上紀錄的資料

圖3-42 將群組化之後的結果進一步篩選

指令

SELECT gender, COUNT(*) FROM users GROUP BY gender HAVING COUNT(*) >= 3;

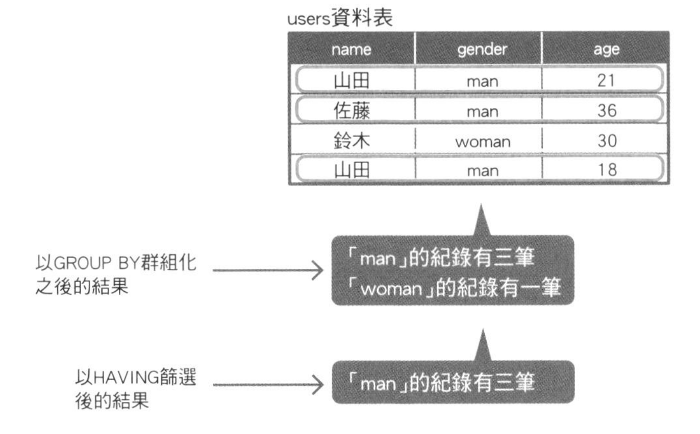

圖3-43 「WHERE」與「HAVING」的執行順序

指令

SELECT age, COUNT(*) FROM users WHERE gender = 'man' GROUP BY age HAVING COUNT(*) >= 3;

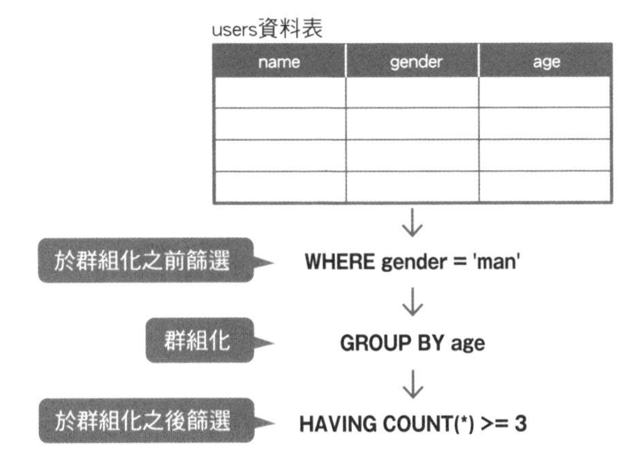

Point

- 對群組化的結果進一步指定篩選條件時，要使用「HAVING」。
- 以「WHERE」指定的條件是在「GROUP BY」之前執行，以「HAVING」指定的條件則是在「GROUP BY」之後執行。

» 合併資料表並取得資料

資料表合併的必要元素

在 **2-3** 也曾經說明，將兩個以上的資料表結合後再取得資料，就稱為合併資料表，而接下來要介紹的，是實際使用指令合併資料表時所需了解的知識。

使用指令合併資料表，概念就像把主要的資料表與次要的資料表結合，合併時，會需要兩份資料表的資料表名稱，以及兩份資料表存放共同鍵值的欄位名稱等必要元素（圖 3-44）。在指令中使用「**JOIN**」來指定這些元素，就能完成資料表的合併。

以圖書館的資料庫為例，假設有一份存有「借閱日期」、「書籍 ID」的借閱記錄資料表，如圖 3-45。如果只看這份資料表，就無從得知書名與書籍類別，因此我們會希望取得它與書籍資料表合併後的資料。這時候，主要的借閱記錄資料表必須與次要的書籍資料表合併後再取得資料，合併時所需元素如下。

- 主要資料表的名稱：借閱記錄／主要資料表的欄位名稱：書籍 ID
- 次要資料表的名稱：書籍資料／次要資料表的欄位名稱：ID

資料表合併的種類

資料表合併分為內連接與外連接。

內連接是合併、取得資料表之間「鍵」欄儲存值一致的資料，詳細內容會在 **3-21** 說明。

外連接則除了合併資料表間「鍵」欄儲存值一致的資料外，還會加入主要資料表才有的資料，詳細內容會在 **3-22** 說明。

圖3-44 資料表合併的必要元素

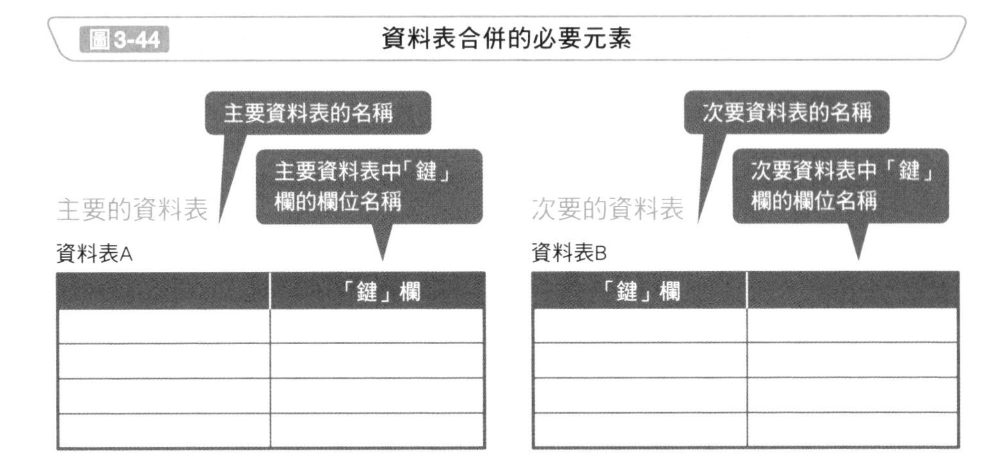

圖3-45 資料表合併的必要元素範例

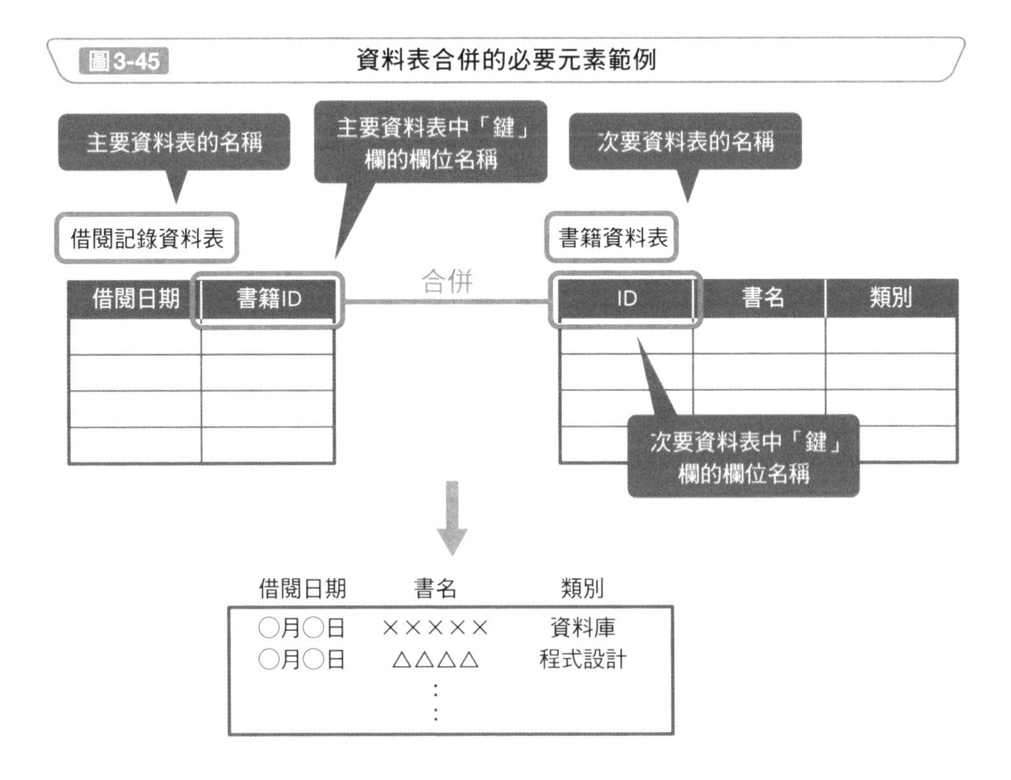

Point

- 合併資料表時，會需要兩份資料表的資料表名稱與「鍵」欄的欄位名稱。
- 合併資料表時，要在指令中使用「JOIN」。

取得鍵值一致的資料

只取得鍵值一致的紀錄

只合併並取得兩份資料表中「鍵」欄儲存值一致的紀錄，就是內連接。圖 3-46 是內連接的範例，合併的資料表分別是儲存消費者名單的「users」資料表與儲存商品資料的「items」資料表。兩份資料表都建立有共同欄位「商品 ID」，由於兩份資料表都有商品 ID 為「2」、「3」的紀錄，因此在執行內連接之後，就可以將這些紀錄合併輸出。

由於「users」資料表有「商品 ID」為「5」(用戶名稱：山本) 的紀錄，但是「item」資料表的「商品 ID」欄位並沒有，因此這筆紀錄不會顯示在結果中。相同的，「items」資料表有「商品 ID」為「1」(商品名稱：麵包) 與「4」(商品名稱：雞蛋) 的紀錄，而「users」資料表的「商品 ID」欄位則沒有，因此這些紀錄也不會顯示在結果中。

執行內連接的指令

執行內連接時，要使用「**INNER JOIN**」，圖 3-47 是對「users」資料表以及「items」資料表執行內連接的指令範例。在「INNER JOIN」的後方寫下次要的資料表名稱，「ON」的後方則是將合併所使用的「鍵」欄欄位名稱寫為「主要資料表的欄位名稱 = 次要資料表的欄位名稱」，而這時候欄位名稱的實際寫法是「資料表名稱 . 欄位名稱」。

以這次的例子來說明，「INNER JOIN」後方指定的「items」就是次要資料表的名稱，而「ON」後方指定的是「users.item_id = items.id」，代表合併資料表時，是以「users」資料表的「item_id」欄與「items」資料表的「id」欄為「鍵」欄進行合併。

圖3-46 資料表的內連接

users資料表

使用者名稱	商品ID
山田	2
佐藤	3
鈴木	2
山本	5

items資料表

商品ID	商品名稱	價格
1	麵包	100
2	牛乳	200
3	起士	150
4	雞蛋	100

使用者名稱	商品名稱	價格
山田	牛乳	200
佐藤	起士	150
鈴木	牛乳	200

圖3-47 內連接的範例

指令

```
SELECT * FROM users INNER JOIN items ON users.item_id = items.id;
```

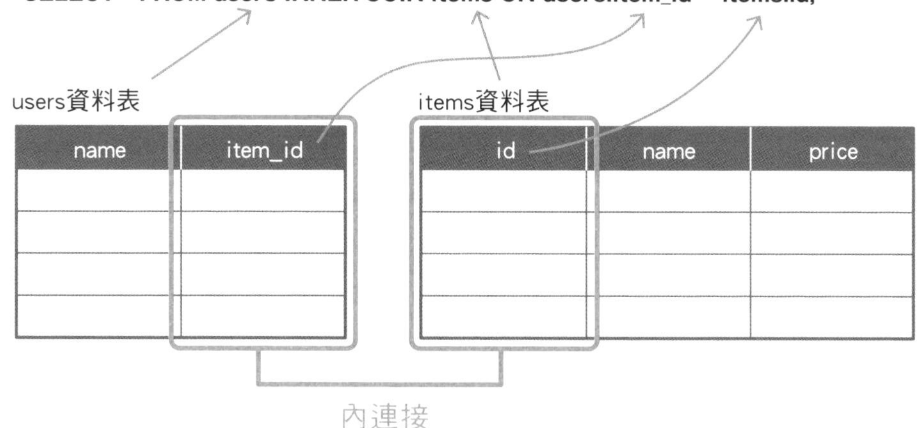

Point

- 只合併並取得「鍵」欄儲存值一致的資料，稱為「內連接」。
- 執行內連接時，要使用「INNER JOIN」。

取得基準資料與鍵值一致的資料

取得主要資料表的資料，與次要資料表中「鍵」值相同的資料

合併並取得主要資料表的資料與次要資料表中鍵值相同的資料，稱為外連接。圖 3-48 是外連接的範例，合併的資料表分別是儲存消費者名單的「users」資料表與儲存商品資料的「items」資料表。兩個資料表都建立有「商品 ID」這個共同欄位，由於兩份資料表都有商品 ID 為「2」、「3」的紀錄，在執行外連接之後，就可以將這些紀錄合併輸出。

這時候，主要資料表「users」中，「商品 ID」為「5」(使用者名稱：山本)的紀錄也會顯示於結果。不過，由於「items」資料表中並沒有相對應的紀錄，因此合併後的資料並不會有商品名稱與價格的值。此外，次要資料表「items」具有「商品 ID」為「1」(商品名稱：麵包)與「4」(商品名稱：雞蛋)的紀錄，但是「users」資料表的「商品 ID」欄位中並沒有，因此這兩筆紀錄不會顯示在結果中。

執行外連接的指令

執行外連接時，要使用「**LEFT JOIN**」。圖 3-49 是對「users」資料表與「items」資料表執行外連接的指令範例。「LEFT JOIN」後方要指定次要資料表的名稱，在「ON」後方指定合併時使用的「鍵」欄欄位名稱時，則要寫下「主要資料表的欄位名稱 = 次要資料表的欄位名稱」，欄位名稱的具體寫法是「資料表名稱 . 欄位名稱」。

以這次的例子來說明，「LEFT JOIN」後方指定的「items」就是次要資料表的名稱，而「ON」的後方則指定「users.item_id = items.id」，因此兩份資料表會以「users」資料表的「item_id」欄與「items」資料表的「id」欄為鍵值欄位，再進行合併。另外，將「LEFT JOIN」改為「**RIGHT JOIN**」，就可以將主要資料表與次要資料表互相調換。

圖3-48 資料表的外連接

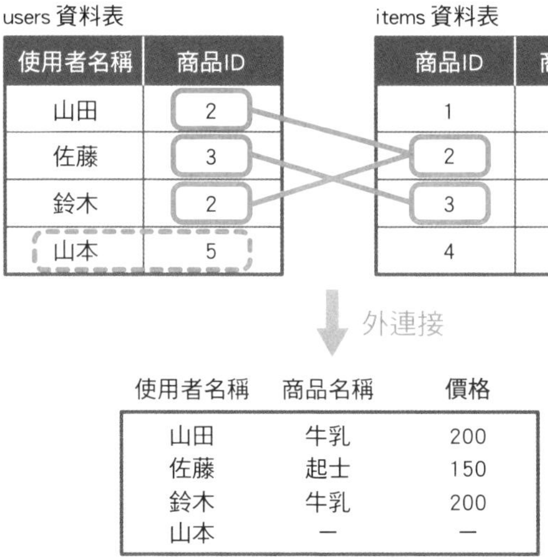

users 資料表
使用者名稱
商品ID
山田 2
佐藤 3
鈴木 2
山本 5
items 資料表
商品ID
商品名稱
價格
1 麵包 100
2 牛乳 200
3 起士 150
4 雞蛋 100
外連接
使用者名稱 商品名稱 價格
山田 牛乳 200
佐藤 起士 150
鈴木 牛乳 200
山本 — —

圖3-49 外連接的範例

指令

```
SELECT * FROM users LEFT JOIN items ON users.item_id = items.id;
```

users資料表
name
item_id
items資料表
id
name
price
外連接

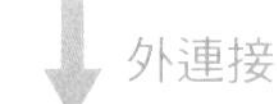

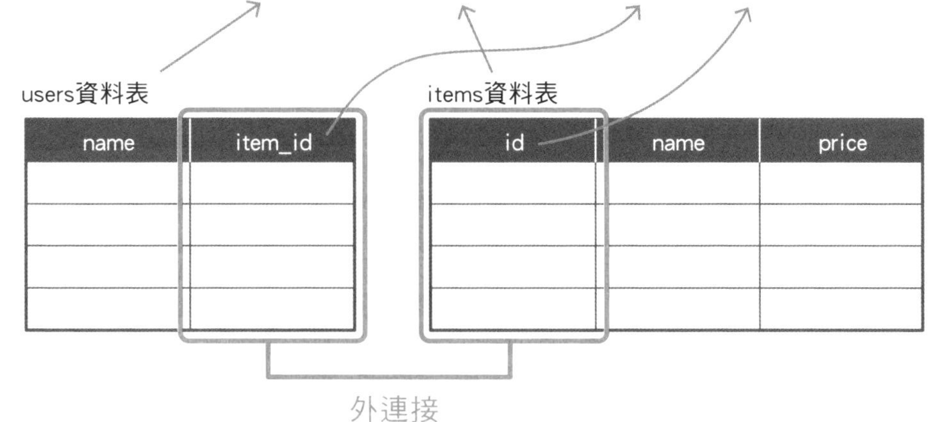

Point

- 合併並取得主要資料表的資料與次要資料表中具有相同鍵值的資料，稱為「外連接」。
- 執行外連接時，要使用「LEFT JOIN」(或是「RIGHT JOIN」)。

小試身手

嘗試書寫SQL

新增紀錄

試著用以下的方式，對 users 資料表書寫新增紀錄的 SQL 語句。另外，新增紀錄之後，也試著使用 SQL 指定各種條件，取得資料！

users 資料表

name	gender	age
山田	man	21
佐藤	man	36
鈴木	woman	30
山本	man	18

SQL的範例

新增紀錄

INSERT INTO users (name, gender, age) VALUES (‘山田’ , ‘man’ , 21);

取得「男性」的紀錄

SELECT * FROM users WHERE gender = ‘man’ ;

取得年齡為 30 以上的紀錄筆數

SELECT COUNT(*) FROM users WHERE age >= 30;

將名字開頭為「山」的紀錄依年齡從小到大排序，並取得資料

SELECT * FROM users WHERE name LIKE ' 山 %' ORDER BY age;

刪除年齡未滿 20 的紀錄

DELETE FROM users WHERE age < 20;

第4章

管理資料

～防止不當的資料操作～

指定儲存資料的種類

指定資料類型

3-5 曾提到建立資料表時，要指定欄位（行）名稱以及資料類型。資料表中的每個欄位，都必須事先決定資料類型（圖 4-1），指定資料類型，能讓**欄位儲存值的格式一致**，也可以事先決定處理資料時，要把資料視為什麼類型處理。
資料類型有幾個種類，以下是概略的分類。

- 數值類型
- 字串類型
- 日期、時間的類型

而具體上有哪些類型，之後會再進一步介紹。

資料類型的功能

假設我們將儲存金額的欄位指定為整數類型，這樣一來，欄位中就只能儲存整數，無法代入小數與文字。
此外，指定整數類型，就可以將資料以數值的型態取出並用於計算。舉例來說，可以使用 **3-17** 介紹的 SUM 函數取得營收的總和，也可以使用 **3-9** 所介紹的方法，搜尋值為 300 以上的紀錄，這些是使用字串資料類型時不能做到的，資料的類型不同，值的處理方式也會改變（圖 4-2）。
由於對儲存值給予限制，取得資料時的處理方式也會改變，因此**對每個欄位指定適合的資料類型**是相當重要的。

圖4-1 對各個欄位指定資料類型

字串類型　整數類型　日期類型

使用者名稱	年齡	生日

圖4-2 將欄位設定為整數類型的範例

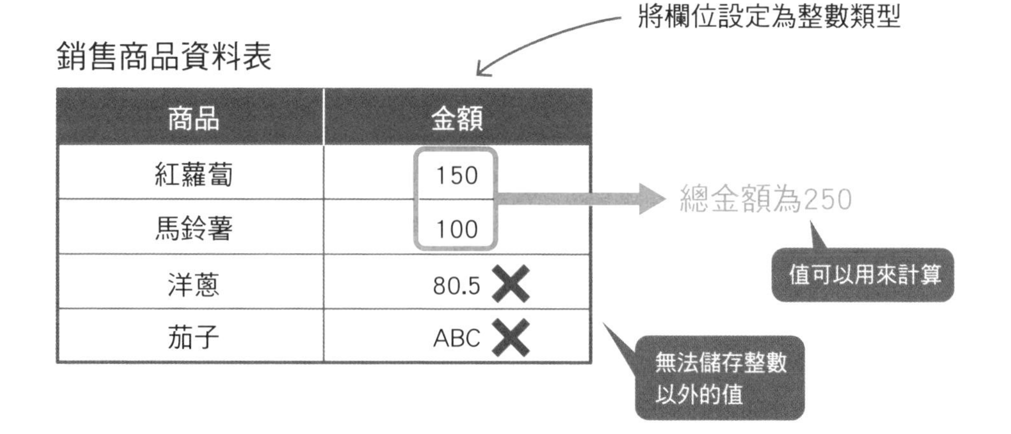

Point

- 每個欄位（行）都必須事先設定資料類型。
- 指定資料類型，可以讓欄位儲存值的格式統一，也可以事先決定要把值視為什麼資料類型來處理。

數值的資料類型

數值資料類型的特徵

設定為數值資料類型的欄位就如字面所示，只能用來儲存數值，因此，如果我們事先將商品的價格與個數、紀錄的 ID、溫度、機率等欄位設定為數值類型，**就可以排除錯誤儲存非數值資料（如字串）的情況**。

此外，也可以對儲存值使用 **3-9** 所介紹的「>」、「>=」、「<」、「<=」等運算子，在取得紀錄時指定「○○以上」以及「○○以下」等搜尋條件，或是使用 **3-17** 介紹的 SUM 函數與 AVG 函數計算加總與平均值。

數值資料類型的種類

每種資料庫管理系統的資料類型種類有所差異，不過數值的資料類型可以大致分類為整數與小數類型。

整數類型的種類具體來說有 MySQL 的「**INT**」，資料類型的種類不同，可以儲存的數值範圍也會有所不同（圖 4-3）。

而小數的資料類型有 MySQL 的「**DECIMAL**」、「**FLOAT**」、「**DOUBLE**」等，類型不同，可以儲存的位數與精確度也各不相同（圖 4-4）。

另外還有「BIT」數值類型，是用來儲存「111」與「10000000」等只以「0」與「1」來呈現的位元值。

不同的資料類型會有不同的資料儲存範圍，如果選擇位數較大的資料類型，儲存時的容量也會跟著變大，**因此我們必須因應儲存值的大小，選擇適合的資料類型**。

圖4-3 整數類型的種類與欄位可儲存的位數

	可以儲存的數值範圍	加上「UNSIGNED」選項後可以儲存的範圍
TINYINT	-128 ～ 127	0 ～ 255
SMALLINT	-32768 ～ 32767	0 ～ 65535
MEDIUMINT	-8388608 ～ 8388607	0 ～ 16777215
INT	-2147483648 ～ 2147483647	0 ～ 4294967295
BIGINT	-9223372036854775808 ～ 9223372036854775807	0 ～ 18446744073709551615

圖4-4 浮點數資料類型的種類與儲存值的精確度

DECIMAL	可以儲存正確、無誤差的小數
FLOAT	可以正確儲存到小數的第7位左右
DOUBLE	可以正確儲存到小數的第15位左右

Point

- 數值資料類型的種類包含整數、小數、位元數等。
- 數值類型的欄位可以用來儲存商品的價格與個數、紀錄的 ID、溫度，以及機率等資料。

字串的資料類型

字串資料類型的特徵

設定為字串資料類型的欄位，會將儲存值視為字串處理，因此，可以用來儲存使用者輸入的姓名、地址、意見，或是容量較大的文字段落。另外，「123」這樣的資料值也會被視為文字處理，而非數值。這裡的「123」**與數值類型的「123」是有所區別的**，必須留意。

字串資料類型的種類

不同的資料庫管理系統，資料類型的種類會有所差異，而字串的資料類型在 MySQL 中有「**CHAR**」、「**VARCHAR**」、「**TEXT**」等，每一種的資料儲存方式與儲存範圍都有所不同（圖 4-5）。資料類型的儲存範圍越大，儲存值的容量也越大，**因此我們必須依照儲存值的大小，選擇適合的資料類型**。

固定長度與可變長度

字串的資料類型分為固定長度與可變長度，固定長度的資料長度固定，可變長度則會配合資料長度儲存資料。

以 MySQL 的資料類型為例，「CHAR」是固定長度，「VARCHAR」則是可變長度，假設我們在這些資料類型的欄位中儲存「ABC」這個值，如果是圖 4-6 的「CHAR」類型，就會在右側填入空格，將資料維持在固定的長度，而「VARCHAR」類型則沒有這樣的機制。像是商品編碼等位數固定的字串，使用固定長度的資料類型將有助於提升取得、插入資料的效率。

圖4-5　字串類型的種類與欄位可儲存的最大長度

	最大長度
CHAR	可以指定為0~255位元組 （儲存的資料會在右側填入空白字元，以維持指定的長度）
VARCHAR	可以指定為0~65,535位元組
TINYTEXT	255位元組
TEXT	65,535位元組
MEDIUMTEXT	16,777,215位元組
LONGTEXT	4,294,967,295位元組

圖4-6　固定長度與可變長度的差異

CHAR 類型

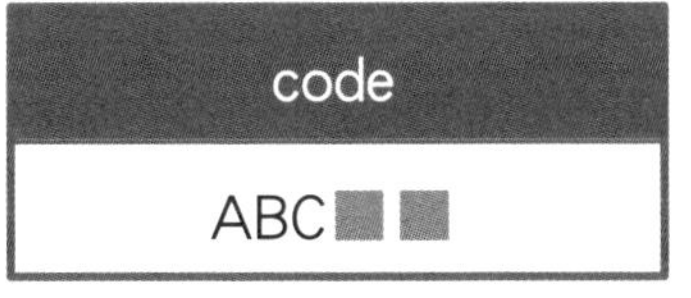

VARCHAR 類型

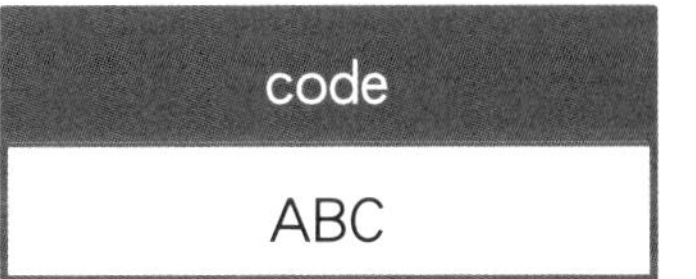

為了維持指定長度，
右側會填入空格補滿

Point

- 依照資料的儲存方式與最大長度，可以將字串資料類型分為幾個種類。
- 字串類型的欄位可以儲存使用者輸入的姓名、地址、意見，或是容量較大的文字段落。

日期與時間的資料類型

日期與時間資料類型的特徵

日期與時間資料類型的欄位就如字面所示，可以登錄日期與時間值，因此，商品的購買日期與使用者的登入時間、生日、行程的日期與時間、紀錄的登錄與更新日期等，都可以使用。

此外，儲存值可以使用 **3-9** 所介紹的「>」、「>=」、「<」、「<=」等運算子，在取得紀錄時指定「○月○日以前」與「○月○日以後」等搜尋條件，也可以對取得的值指定格式，像是只抽取月份的數字，或是使用 **3-13** 所介紹的「ORDER BY」，依日期將紀錄重新排序。

日期與時間資料類型的種類

資料庫管理系統不同，資料類型的種類也有所差異，不過日期與時間的資料類型中，**有些只能儲存日期，有些只能儲存時間，也有些可以同時儲存日期與時間**。

MySQL 中有「**DATE**」、「**DATETIME**」等類型，不同類型可以儲存的格式並不相同，因此我們必須配合儲存值，選擇適合的資料類型（圖 4-7）。

日期與時間的儲存格式

在日期、時間類型的欄位中登錄資料時可以使用各種格式。

以 MySQL 為例，想要儲存「2020 年 1 月 1 日」這筆資料時，可以使用「'2020-01-01'」的格式，也可以使用其他格式，例如「'20200101'」、「'2020/01/01'」等（圖 4-8），使用的格式雖然不同，但都是相同的值。

圖4-7 日期、時間類型的種類與用途

	用途
DATE	日期
DATETIME	日期與時間
TIME	時間
YEAR	年

圖4-8 日期與時間的儲存格式

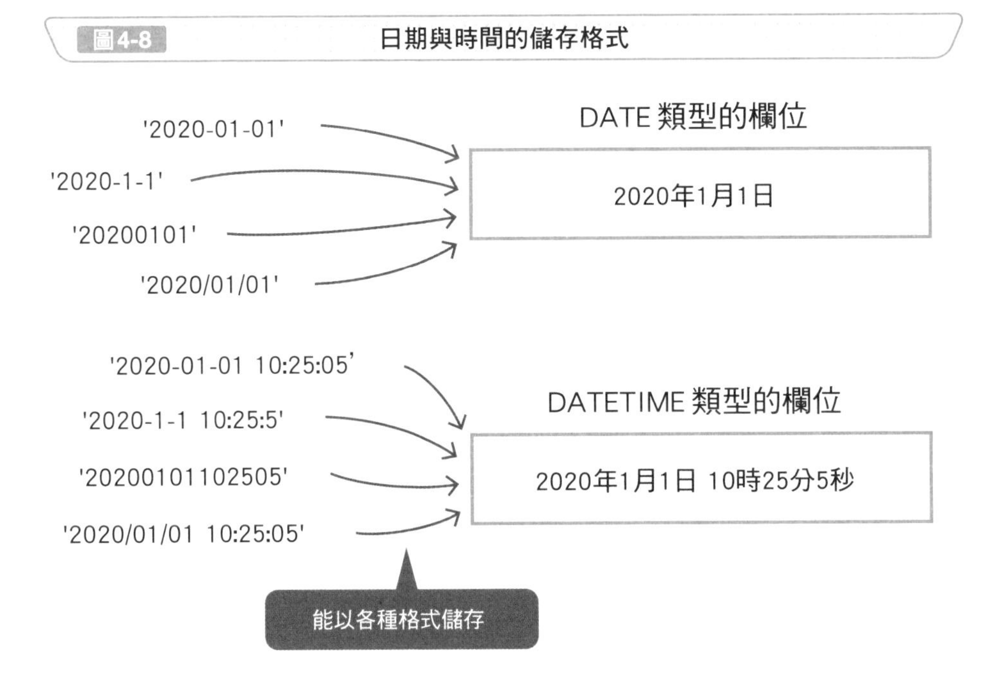

Point

- 日期與時間的資料類型可以依照資料的儲存格式分為幾個種類。
- 日期、時間類型的欄位可以用來儲存商品的購買日期、使用者登入時間、生日、行程的日期與時間、登錄與更新紀錄的日期等資料。

只能儲存兩種值的資料類型

只能儲存兩種值的資料類型特徵

有些資料類型可以處理的資料值只有兩個種類，稱為 **BOOLEAN** 類型，此類型的欄位中只能儲存「真（true）」與「假（false）」兩種值，這在程式的領域裡稱為真假值與布林值，經常用來呈現只會有兩種狀態的情境，例如 ON 或 OFF。(圖 4-9)。

舉例來説，想要在欄位中顯示使用者是否已解約時可以使用「偽」表示契約對象，用「真」表示解約的使用者，或是以「真」代表付款完成的狀態，以「偽」代表尚未付款的狀態，也能夠用「真」表示任務完成，「偽」表示任務尚未完成（圖 4-10）。

只處理兩種值的資料類型

有些資料庫管理系統並沒有 BOOLEAN 類型，有時候會使用其他類型來完成相同的操作。例如 PostgreSQL 具備 BOOLEAN 類型，但 MySQL 並沒有，因此會使用內建的 TINYINT 類型（參考 **4-2**）取代 BOOLEAN 類型。

將值儲存在 BOOLEAN 類型的欄位

把值儲存到 MySQL 的「BOOLEAN」類型欄位時，「真（true）」要代入「1」，「偽（false）」要代入「0」。此外，使用 **3-7** 介紹的「SELECT」語句取得紀錄時，「BOOLEAN」欄位的儲存值一樣會顯示為「1」與「0」。

如果使用 **3-8** 所介紹的「WHERE」，就能進一步指定條件，例如「欄位名稱 = 1」與「欄位名稱 = 0」，或是「欄位名稱 = true」與「欄位名稱 = false」等。

圖4-9 只處理兩種值的資料類型

BOOLEAN 資料類型

可以用來呈現只有兩種狀態的情況，例如 ON 或 OFF

圖4-10 BOOLEAN 資料類型的用途

任務未完成

任務完成

契約對象

解約使用者

未付款

已付款

Point

- BOOLEAN 資料類型只能儲存「真（true）」與「假（false）」這兩個種類的值。
- BOOLEAN 資料類型的欄位可以用來儲存只有兩種狀態的資料，例如契約對象或解約使用者、商品已付款或未付款、任務已完成或未完成等。

» 設定資料的儲存限制

避免登錄不符規則的資料

我們可以對資料表的欄位設定限制條件，以規範儲存資料，或是設定屬性，讓值可以按照既定的規則儲存（圖 4-11）。例如欄中一定得代入某個值的時候，就可以使用 NOT NULL 限制，要自動儲存連續編號時，則可以使用 AUTO_INCREMENT 屬性（圖 4-12）。插入與變更資料時，違反欄位的限制將會導致錯誤，處理也不會被執行，因此，**適當設下限制可以避免插入錯誤的資料，預防資料不完整的情況**，而**設定屬性讓資料遵循既定規則，資料將更容易管理**。

具代表性的限制與屬性範例

接下來將介紹具代表性的限制與屬性。

- NOT NULL
  限制 NULL 值（參考 **4-8**）的儲存。設定有這個限制的欄位，欄位中一定要有儲存值。
- UNIQUE
  欄位的值不能重複。如果對欄位設定這個限制，欄位中就不能儲存與其他紀錄相同的值。
- DEFAULT
  是對欄位設定預設值的限制。設定這個限制的欄位，在沒有指定儲存值的情況下，會存入事先指定的預設值。
- AUTO_INCREMENT
  於欄位自動存入連續編號的屬性。設定這個屬性的欄位會自動存入連續的數字。

圖4-11 限制與屬性是什麼？

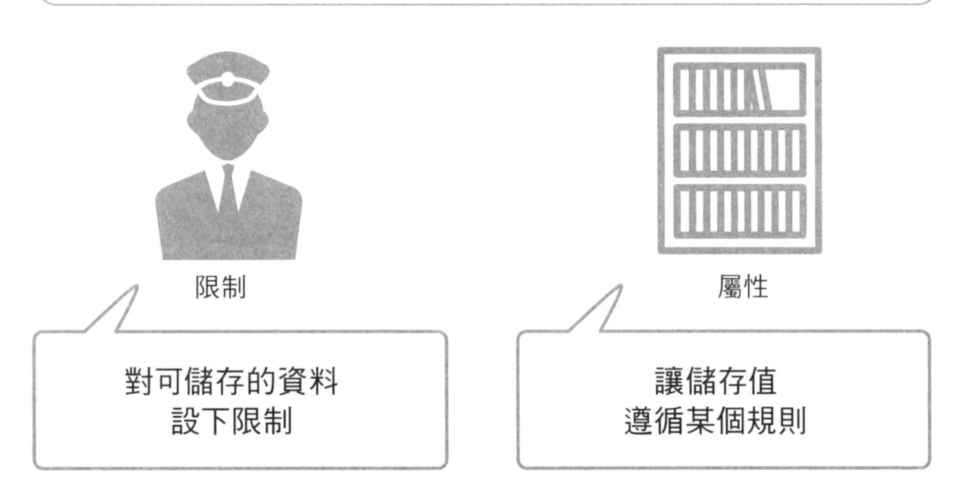

圖4-12 限制與屬性的範例

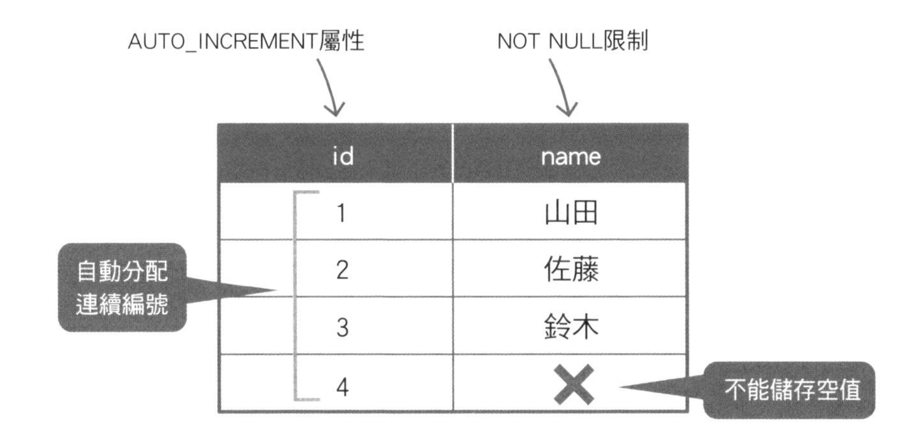

Point

- 可以對資料表的欄位設定限制，以限制儲存的資料，或是設定屬性，讓儲存值遵循既定的規則。
- 設定適當的限制與屬性能夠避免資料的完整，也能讓資料更容易管理。

» 設定預設值

對欄位設定預設值的 DEFAULT

使用 **DEFAULT** 限制，就可以對欄位設定預設值。設定 DEFAULT 限制的欄位在沒有指定其他儲存值的狀態下新增紀錄時，**就會存入事先指定好的預設值**（圖 4-13），反之，如果有指定儲存值，欄位中就會存入指定的值，不會代入預設值。
舉例來說，我們可以將商品資料表的庫存欄位預設值設定為「0」、將用戶註冊網站時的購物點數預設為「0」，或者將商品的付款狀態預設為尚未付款等。
像這種**最開始一定屬於某種狀態的情況，設定預設值就相當方便**。

預設值的設定方法

以 MySQL 為例，像圖 4-14 建立資料表時，在欄位名稱的後方加上「DEFAULT」，就可以設定預設值。在這次的例子中，我們建立了「users」資料表，其中包含「name」欄與「age」欄，接著再將「age」欄的預設值指定為「10」。
試著在資料表中新增一筆紀錄，將「name」欄指定為「山田」（參考 **3-6**），「age」欄的值則不指定。這樣一來，「name」欄會存入指定的值「山田」，而「age」欄則會存入設定的預設值「10」。如果新增紀錄時有明確指定「age」欄的值，欄位中就會存入指定的值而非預設值。

圖4-13　DEFAULT 限制的功能

如果將預設值設定為「0」

items 資料表

名稱	庫存
草莓	5
橘子	3
葡萄	6
桃子	0

新增紀錄

會自動儲存預設值「0」

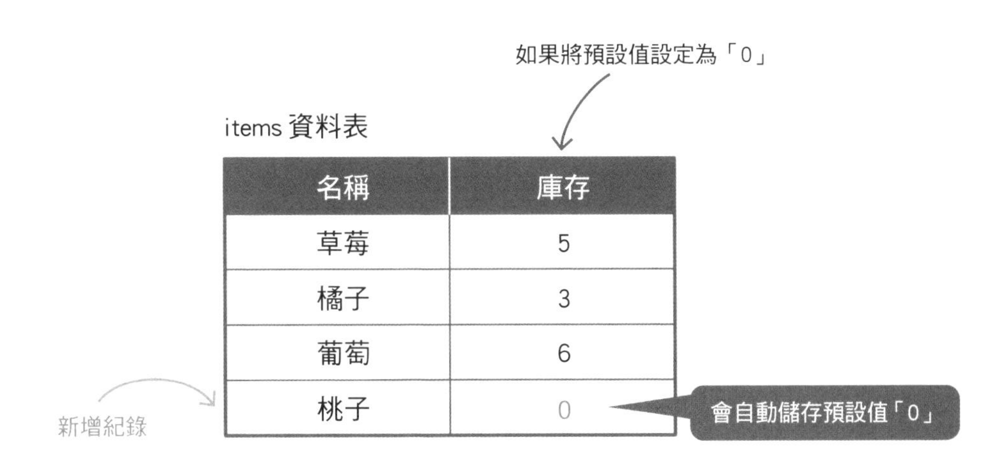

圖4-14　設定預設值的指令

指令

CREATE TABLE users (name VARCHAR(100), age INT DEFAULT 10);

將預設值設定為「10」

users資料表

name	age

Point

- 使用 DEFAULT 限制，就可以對欄位設定預設值。
- 如果希望欄位儲存值一開始顯示為某個狀態，使用預設值就相當方便。

» 當資料空白時

NULL 代表欄位中沒有資料的狀態

若欄位的儲存值為「**NULL**」，就代表欄位中「沒有任何資料」（圖 4-15），而「沒有任何資料」和 0（零）還有 ''（空字串）是不一樣的，NULL 既不是數字，也並非字串。另外，資料表的欄位如果沒有設定預設值，預設值就會是「NULL」。
將值設定為 NULL，就明確代表**該欄位沒有儲存任何資料**。以數值類型的資料為例，想要表示欄位中沒有儲存任何資料時，其實也可以存入 0（零），但這樣一來，例如年齡欄位中存入 0（零）的情況下，就無法分辨其代表的是空的資料或是「0 歲」。如果使用「NULL」，不管是什麼資料類型，都可以清楚知道欄位中原本就沒有輸入任何資料。

NULL 的使用

讓我們看看欄位儲存值為「NULL」的範例。假設「users」資料表中有「name」欄與「age」欄，而「age」欄並沒有設定預設值，在這樣的狀態下，像圖 4-16 一樣試著新增一筆紀錄，將「name」欄的值設定為「山田」，「age」欄則不設定任何值。接著，沒有設定值的「age」欄就會存入「NULL」。如果將指令中的「'山田'」改為「'NULL'」，就可以把「name」欄的值指定為 NULL。
另外，如果在「SELECT」語句中加上「WHERE age IS NULL」的條件，也可以搜尋值為 NULL 的紀錄（參考 **3-10**）。

圖4-15　NULL 是什麼？

users資料表

name	age
山田	21 ← 21歲
佐藤	36 ← 36歲
鈴木	0 ← 0歲
山本	NULL

表示原本就沒有存入任何資料

圖4-16　值為 NULL 的範例

指令

```
INSERT INTO users (name) VALUES ('山田');
```

users 資料表

name	age
山田	NULL

沒有指定值的欄位，就會代入NULL

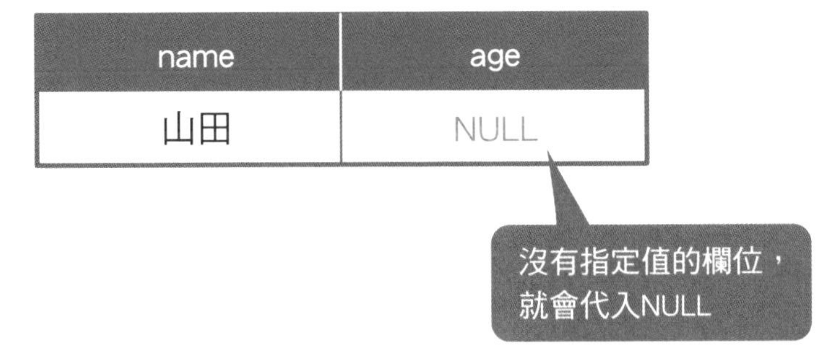

Point

- NULL 代表「沒有存入任何資料」，它既不是數字，也不是字串。
- 使用 NULL，就能清楚表示「沒有輸入任何資料值」，相當方便。

避免資料為空值

讓欄位無法存入 NULL

使用 **NOT NULL** 限制，就能將欄位設定為無法儲存「NULL」值。設定 NOT NULL 限制後，即使試圖在欄位儲存「NULL」也會出現錯誤，無法儲存（圖 4-17）。
「NULL」代表的是空值（參考 **4-8**），**如果欄位中一定要存入儲存值，就可以設定 NOT NULL 限制**。
例如商品編號與使用者 ID 等一定要輸入內容的項目，就可以事先設定為 NOT NULL。
部分的資料庫管理系統在欄位設定 NOT NULL 限制，又沒有指定任何儲存值的情況下，會代入「NULL」以外的值作為預設值。以 MySQL 為例，數值類型欄位中會自動存入的預設值為「0」。

NOT NULL 限制的設定方法

MySQL 的設定方法如圖 4-18，建立資料表時，在欄位名稱的後方加上「NOT NULL」，就能限制 NULL 值的儲存。在這次的例子中，所建立的「users」資料表含有「name」欄與「age」欄，而且「age」欄設定有「NOT NULL」的限制。
接下來試著在這個資料表新增一筆紀錄（參考 **3-6**），將「name」欄指定為「山田」，「age」欄指定為「NULL」，這時候，由於「age」欄設定有 NOT NULL 限制，因此會發生錯誤，無法登錄資料。
再試著新增一筆紀錄，將「name」欄指定為「佐藤」，但是不要指定「age」欄位的值，這一次，「age」欄的預設值將不會是 NULL，而是會自動儲存預設值「0」。

圖4-17　NOT NULL 限制的功能

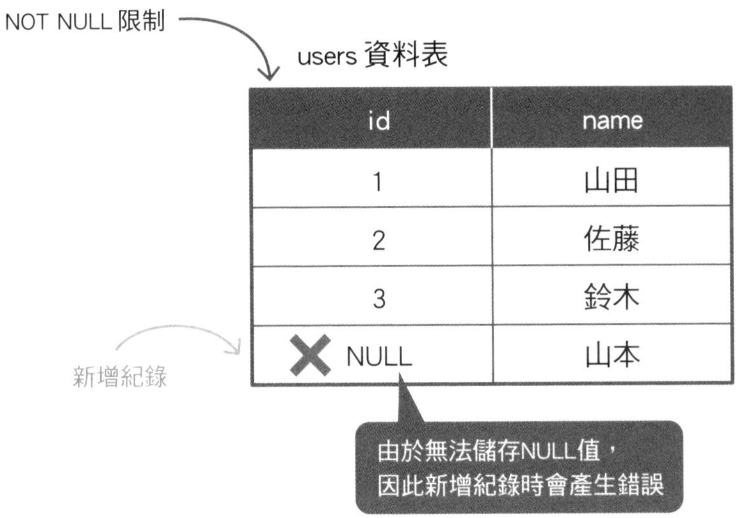

NOT NULL 限制

users 資料表

id	name
1	山田
2	佐藤
3	鈴木
✕ NULL	山本

新增紀錄

由於無法儲存NULL值，
因此新增紀錄時會產生錯誤

圖4-18　設定 NOT NULL 限制的指令

指令

CREATE TABLE users (name VARCHAR(100), age INT NOT NULL);

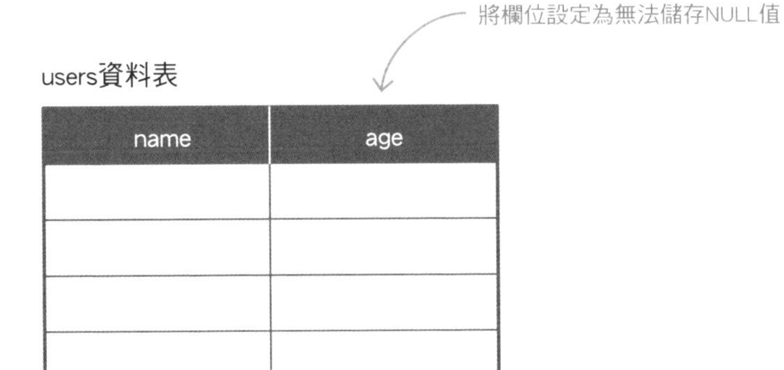

Point

- 使用 NOT NULL 限制，就能將欄位設定為無法儲存「NULL」值。
- 對不能空白的資料欄位設定 NOT NULL 限制相當方便。

限制輸入與其他列相同的值

避免重複的 UNIQUE

使用 **UNIQUE** 限制，就可以避免欄位儲存值與其他的紀錄重複。如果試圖在設定有 UNIQUE 限制的欄位儲存重複的值，就會產生錯誤，無法登錄資料（圖 4-19）。例如商品編碼與使用者 ID 這種**一定不會存在相同值的欄位，就能如此設定**，不同商品若是具有相同的編碼，會產生無法辨識的困擾，而事先設定 UNIQUE 限制，就可以避免重複的儲存值。

順帶一提，NULL 代表的是空值（參考 **4-8**），並不適用 UNIQUE 限制，因此 NULL 是可以存在於多筆紀錄中的，有儲存值的紀錄，才適用 UNIQUE 限制。

UNIQUE 限制的設定方法

以 MySQL 為例，圖 4-20 在建立資料表時於欄位名稱的後方加上「UNIQUE」，這樣就能設定限制，讓欄位無法存入重複值。這次的例子所建立的是「users」資料表，其中包含「id」欄與「name」欄，而「id」欄位設定有 UNIQUE 限制。

試著在這個資料表中新增一筆紀錄（參考 **3-6**），將「id」欄指定為「1」，「name」欄指定為「山田」。接著，再新增一筆紀錄，將「id」欄指定為「1」，「name」欄指定為「佐藤」。這時候，由於「id」欄設定有 UNIQUE 限制，儲存相同的值會產生錯誤，因而無法登錄資料，如果將「id」欄的數值更改為「2」，就可以正確登錄。

圖 4-19　**UNIQUE 限制的功能**

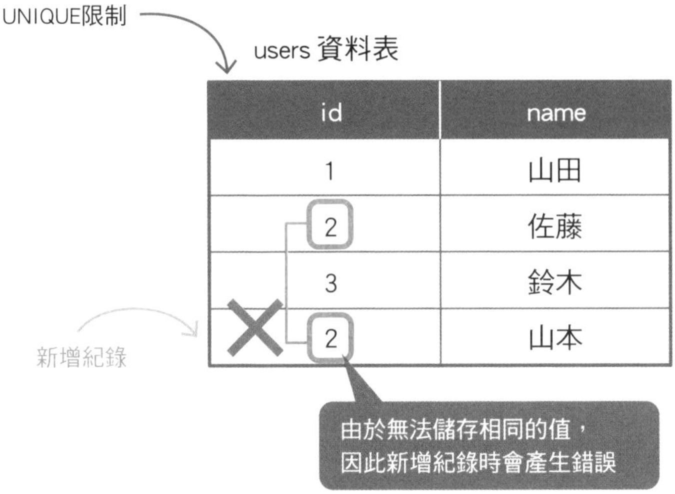

UNIQUE限制

users 資料表

id	name
1	山田
2	佐藤
3	鈴木
2	山本

新增紀錄

由於無法儲存相同的值，
因此新增紀錄時會產生錯誤

圖 4-20　**設定 UNIQUE 限制的指令**

指令

```
CREATE TABLE users (id INT UNIQUE, name VARCHAR(100));
```

設定欄位，讓欄位無法儲存相同的值

users 資料表

id	name

Point

- 使用 UNIQUE 限制，就能對欄位進行設定，讓欄位中無法儲存與其他紀錄重複的值。
- 可以用來設定商品編碼、使用者 ID 等一定不會存在相同值的欄位。

自動編號

自動分配號碼

使用「**AUTO_INCREMENT**」，就可以在欄位中自動存入連續的號碼。例如，最開始插入紀錄時，設定有「AUTO_INCREMENT」的欄位就會自動存入「1」，再插入下一筆紀錄，就會存入「2」，每插入一筆新紀錄，就會自動存入 1、2、3、4 等連續號碼（圖 4-21）。

對商品 ID 與使用者 ID 這類的欄位設定「AUTO_INCREMENT」，**各筆紀錄將會自動編號，識別商品與使用者時，這些編號就能派上用場**。

AUTO_INCREMENT 的設定方法

以 MySQL 為例，如圖 4-22 在建立資料表時，於欄位名稱的後方加上「AUTO_INCREMENT」，就可以在欄位中自動編入流水號。在這次的例子中，我們建立了「users」資料表，其中包含「id」欄與「name」欄，接著再對「id」欄設定「AUTO_INCREMENT」。由於設定「AUTO_INCREMENT」的欄位必須設定為索引（參考 **7-7**）、UNIQUE 限制（參考 **4-10**），或是建立為主鍵（參考 **4-12**），因此這次也搭配「UNIQUE」限制進行設定。

試著在這個資料表新增一筆紀錄（參考 **3-6**），將「name」欄指定為「山田」，接著「id」欄會自動代入「1」。再繼續新增一筆紀錄，將「name」欄指定為「佐藤」，這一次「id」欄則會存入「2」。

圖4-21　AUTO_INCREMENT 的功能

AUTO_INCREMENT

users 資料表

id	name
1	山田
2	佐藤
3	鈴木
4	山本

每新增一筆紀錄，
就會自動儲存連續的號碼

圖4-22　設定 AUTO_INCREMENT 的指令

指令

```
CREATE TABLE users (id INT UNIQUE AUTO_INCREMENT, name VARCHAR(100));
```

對欄位進行設定，讓欄位自動儲存連續編號

users 資料表

id	name

Point

- 使用「AUTO_INCREMENT」，就可以讓欄位自動存入連續的號碼。
- 「AUTO_INCREMENT」的編碼也可以用來當作商品 ID 與使用者 ID 等識別資料用的號碼。

讓紀錄具有唯一性

辨識特定紀錄

對欄位設定「**PRIMARY KEY**」之後，該欄位就無法儲存和其他紀錄重複的值與「NULL」(參考 **4-8**)，也就是說，如果將欄位設定為「PRIMARY KEY」，只要知道欄位值，都可以找到唯一一筆紀錄，因此**把這個欄位用於識別每筆紀錄會相當方便**。

假如使用者資料表中登錄了兩筆姓名為「佐藤」的使用者資料，兩人並非同一人，不過只看姓名欄位並無法區別。如果另外建立「id」欄，將其設定為「PRIMARY KEY」，並對每筆使用者資料設定不重複的值，就能夠識別兩筆不同的紀錄(圖 4-23)。而設定為「PRIMARY KEY」的欄就稱為主鍵。

PRIMARY KEY 的設定方法

以 MySQL 為例，像圖 4-24 一樣，建立資料表時在欄位名稱的後方加上「PRIMARY KEY」，就可以將該欄位設定為主鍵。這次的例子中所建立的「users」資料表包含「id」欄與「name」欄，接著再將「id」欄設定為主鍵，這樣一來「id」欄就不能儲存重複的值與 NULL。

在這個資料表新增一筆紀錄(參考 **3-6**)，將「id」欄的值指定為「1」,「name」欄的值指定為「山田」，接著再新增一筆紀錄，將「id」欄的值指定為「1」,「name」欄的值指定為「佐藤」，這時候由於「id」欄無法儲存重複的值，因此無法登錄這筆資料，但如果將「id」欄的值改為「2」，就可以登錄。此外，新增一筆「id」欄為「NULL」,「name」欄為「鈴木」的紀錄時，也會因為「id」欄無法儲存「NULL」而無法登錄。

圖4-23　PRIMARY KEY 的功能

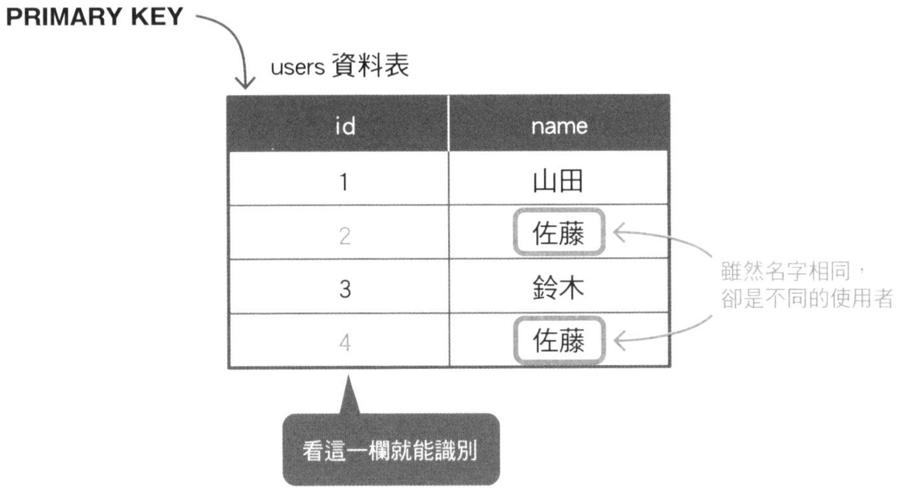

PRIMARY KEY

users 資料表

id	name
1	山田
2	佐藤
3	鈴木
4	佐藤

雖然名字相同，
卻是不同的使用者

看這一欄就能識別

圖4-24　設定 PRIMARY KEY 的指令

指令

CREATE TABLE users (id INT PRIMARY KEY, name VARCHAR(100));

對欄位進行設定，讓欄位無法儲存與其他紀錄重複的值，也無法存入NULL

users 資料表

id	name

Point

- 將欄位設定為「PRIMARY KEY」，就無法儲存與其他紀錄重複的值或「NULL」。
- 用於識別各筆紀錄的欄位會被設定為主鍵。

與其他資料表建立關聯

建立資料表之間的關聯

將欄位設定為「**FOREIGN KEY**」之後，該欄位就只能儲存指定資料表欄位的儲存值，也就是說，可以建立一個**儲存值來自其他資料表的欄位，讓資料表之間產生關聯**。這樣的設計讓我們能夠執行 3-20 所介紹的資料表合併，並取得合併後的資料。

假設我們建立一個部門資料的資料表，並以此為父資料表，再建立一個使用者資料表作為具有關聯性的子資料表，表中儲存有「部門 ID」欄位。由於這裡的「部門 ID」欄與部門資料表相互連結，若是部門 ID 值不存在於部門資料表，就必須限制資料的登錄，因此這樣的欄位要設定為「FOREIGN KEY」(圖 4-25)。

設定為「FOREIGN KEY」的欄位，就稱為**外來鍵**。

「FOREIGN KEY」的設定方法

以 MySQL 為例，像圖 4-26 在建立資料表的指令中使用「FOREIGN KEY」，就可以在後方指定希望設為外來鍵的欄位名稱，以及具有關聯的父資料表名稱與欄位名稱。這次的例子中所建立的「users」資料表包含「name」欄與「department_id」欄，將「department_id」欄設定為外來鍵，並與「departments」(部門)資料表的「id」欄建立關聯，這樣一來，「department_id」欄就只能儲存「departments」資料表中「id」欄的值，也就是說，我們可以避免登錄不存在的部門使用者資料。

圖4-25 **FOREIGN KEY 的功能**

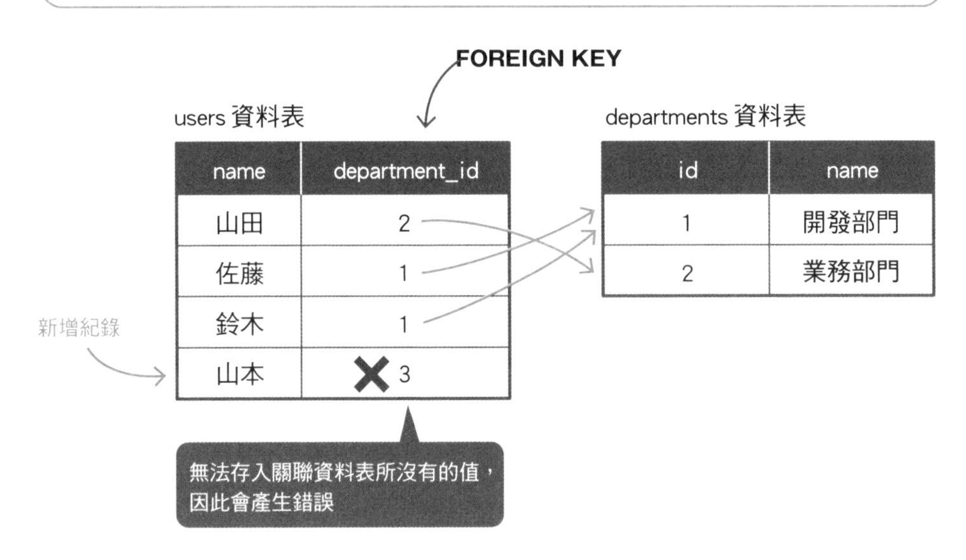

圖4-26 **設定 FOREIGN KEY 的指令**

指令

```
CREATE TABLE users (name VARCHAR(100), department_id INT,
  FOREIGN KEY (department_id) REFERENCES departments(id)
);
```

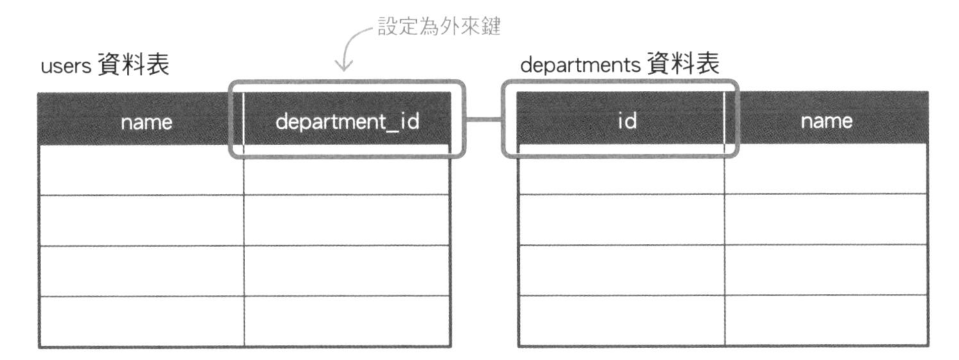

Point

- 將欄位設定為「FOREIGN KEY」之後，就只能儲存指定資料表欄位中的值。
- 希望將某個欄位用來與其他資料表的欄位建立關聯，就將其設定為外來鍵。

將不可分割的操作整合

整合多個操作的交易

整合多個對資料庫執行的操作，就稱為交易（transaction）。SQL 雖然可以逐句執行，不過**需要連續新增、更新多筆資料時，就可以使用交易，將一連串的處理整合為一個動作**（圖 4-27）。

以銀行帳戶為例，如果從 A 帳戶轉帳 10 萬元到 B 帳戶，就需要在資料庫上同時執行兩項操作，也就是「將 A 帳戶的存款金額扣掉 10 萬元」以及「加入 10 萬元至 B 帳戶的存款金額」。不過，系統如果在 A 帳戶的操作完成後故障，並未執行 B 帳戶的操作，那麼 B 帳戶中就不會出現匯款金額（圖 4-28）。藉由交易將這些操作合併、完成，就可以避免產生資料不一致的問題。

交易的特性

交易具有以下的特性。

- 原子性

  交易中的所有操作，一定會是「皆已執行」或「皆未執行」的其中一個狀態。

- 一致性

  滿足預先設定的條件，能夠確保資料的完整性。

- 隔離性

  可以隱藏操作的過程，從外部只能看到操作的結果。執行一半的操作並不會對其他操作產生影響。

- 持久性

  交易完成後，不會發生遺失操作結果的情況。

圖4-27 交易的功能

圖4-28 在 A 帳戶匯款至 B 帳戶的過程中發生錯誤

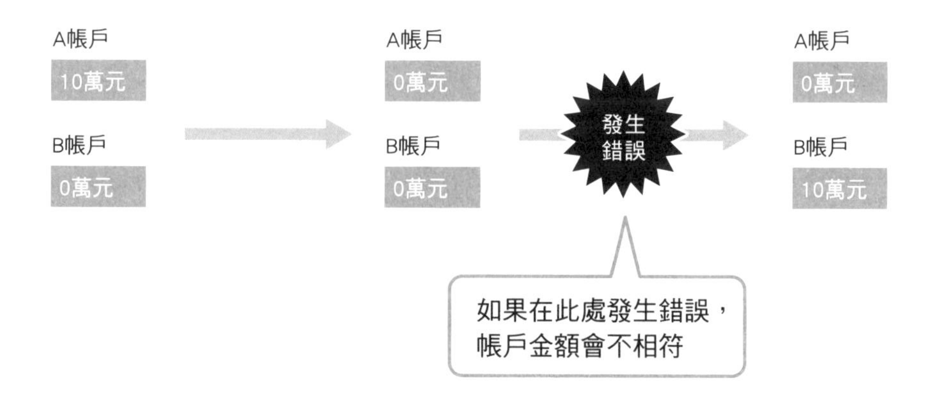

Point

- 將資料庫的多個操作合併執行，就是「交易」。
- 透過交易，可以避免因操作過程中斷導致資料的不完整。

》一次執行一連串的操作

確定執行交易

在交易中的一連串操作完成以後將結果反映到資料庫，就稱為提交（Commit）。
若使用交易，在**執行 SQL 語句的過程中結果還不會反映到資料庫，直到最後進行提交，資料庫的內容才會變更**（圖 4-29）。

執行提交以前的流程

以銀行帳戶為例，從 A 帳戶匯款 10 萬元至 B 帳戶時，會在資料庫中使用交易，執行「將 A 帳戶的存款金額扣掉 10 萬元」與「加入 10 萬元至 B 帳戶存款金額」這兩個操作，最後再提交（圖 4-30）。
這個時候，由於從外部無法看到中間的過程，因此執行其他操作時，並無法看到指令執行過程中的值，這樣就不會發生 A 帳戶的值才剛更新，就被其他操作立即切入的情況。直到 B 帳戶的值也更新完成，並在最後執行提交以後，結果才會反映到資料庫中，這時候其他的操作才能讀取到這個值。

執行提交的指令

交易的執行方法會因資料庫管理系統而不同，以 MySQL 為例，要執行「START TRANSACTION;」，之後再寫下希望以交易方式執行的操作。在這個時間點，資料庫中還看不到操作的結果。最後可以透過「COMMIT;」指令進行提交，這樣資料庫就會反映新的變更內容。

圖4-29 提交的功能

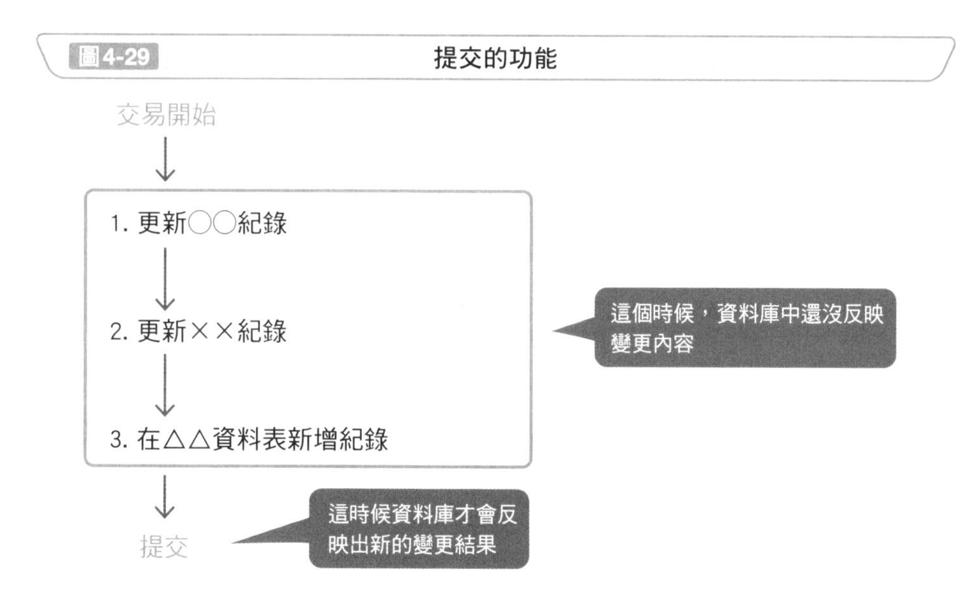

圖4-30 從 A 帳戶轉帳十萬元至 B 帳戶的例子

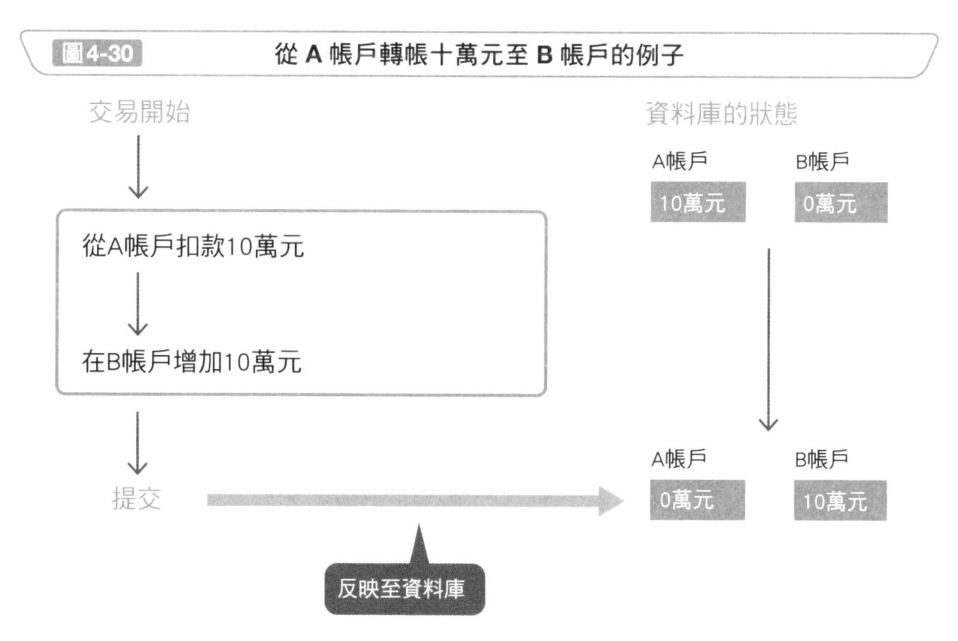

Point

- 在交易中的一連串操作成功時將結果反映至資料庫，就稱為提交。
- 在提交之前，其他的操作並不會看到交易在指令執行過程中的值。

取消一連串已執行的操作

取消交易處理

在交易中的操作發生問題時將處理取消，並回到交易開始前的狀態，就稱為回滾（rollback）。資料庫上執行的操作總是會有出錯的時候，例如程式錯誤、網路問題導致資料庫無法存取等，各式各樣非預期的問題都可能發生，如果發生問題時中斷交易處理，可能會導致資料的不完整。為了避免這樣的情況，可以使用回滾，**取消交易內的操作，回復為資料完整時的狀態**（圖 4-31）。

以銀行帳戶為例，從 A 帳戶匯款 10 萬元至 B 帳戶時，一般來說會在資料庫中使用交易，執行「將 A 帳戶的存款金額扣掉 10 萬元」與「加入 10 萬元至 B 帳戶存款金額」這兩項操作，最後再提交。

然而，如果才剛更新完 A 帳戶的值就發生問題，會導致操作無法繼續，若是就這麼提交，會因為 B 帳戶的值還沒有更新而導致資料不完整。這時候就可以執行回滾，將系統回復到交易開始前的狀態，這樣一來，**由於交易中的處理都沒有被執行，資料庫並不會發生任何改變**（圖 4-32）。

執行回滾的指令

回滾的指令因資料庫管理系統而異，以 MySQL 為例，執行交易時要在執行「START TRANSACTION;」之後寫下希望以交易方式執行的操作。發生問題時，則可以執行「ROLLBACK;」，將交易內的操作回滾。

圖4-31 回滾的功能

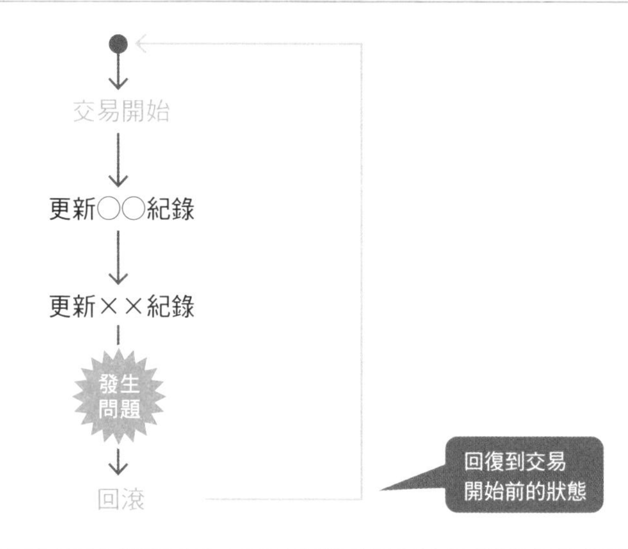

圖4-32 回滾範例

Point

- 取消交易中的處理並回復到交易開始前的狀態，稱為回滾。
- 由於預期外的問題導致交易處理中斷時，回滾可以將資料回復到具備完整性時的狀態。

兩個處理互相衝突導致處理終止

交易處理無法進行

多個交易處理同時操作一份資料時，會導致互相都在等待對方操作完成，無法前進到下一個處理的情況，這就是死結（deadlock）

以銀行帳戶為例，A 帳戶與 B 帳戶各有 10 萬元的存款，如圖 4-33，假設「從 A 帳戶匯款 10 萬元至 B 帳戶」與「從 B 帳戶匯款 10 萬元至 A 帳戶」這兩項操作同時執行，首先在執行 1-1 的「從 A 帳戶扣除 10 萬元」之後，到完成提交為止，A 帳戶的資料都會被鎖定，就像這樣，與交易處理相關的資料都會暫時被鎖定。如果**其他處理試圖操作鎖定狀態下的資料，則到鎖定解除為止都必須等待，才能執行處理**。接著在 1-2 執行之前，會執行 2-1 的「將 B 帳戶存款金額扣除 10 萬元」。相同的，B 帳戶的資料會被鎖定，兩個交易互相鎖定彼此想要操作的資料，導致 1-2 與 2-2 的操作都無法進行，雙方動作都會停止，這就是死結。

死結的因應方式

發生死結的情況時，必須要**有其中一方終止處理**。有些資料庫管理系統也具有自動監控死結並執行回滾的機制，不過我們還是需要從根源避免死結發生。例如將交易處理的時間縮短，或是統一交易存取資料的順序等。以剛才帳戶間匯款的例子來看，如果兩個交易都能在更新 A 帳戶的資料後再更新 B 帳戶的資料，就可以避免產生死結（圖 4-34）。

圖4-33 發生死結的狀態

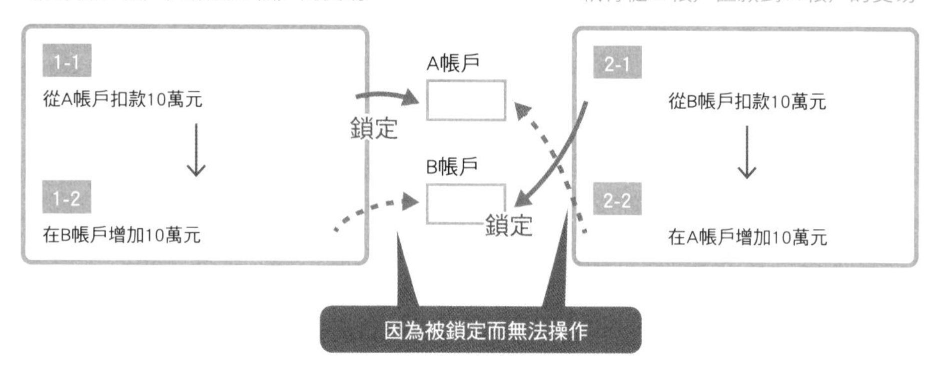

圖4-34 避免產生死結的範例

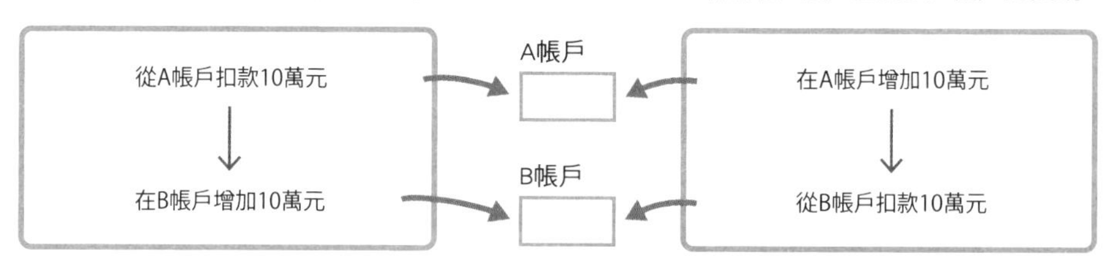

將交易中操作存取資料的順序統一，就不會產生衝突

Point

- 多個交易處理同時操作同一份資料時互相等待對方處理完成，導致無法前進到下一個處理，就稱為死結。
- 發生死結時，必須透過回滾，終止其中一方的處理。
- 透過縮短交易內的處理時間，或是統一交易存取資料的順序，從根源避免死結的發生。

小試身手

嘗試設定資料類型、限制、屬性

在管理書籍資料的資料表中建立 id、title（標題）、genre（類別）、published_at（發售日）、memo（備忘錄）等欄位時，思考對每個欄位設定什麼資料類型、限制、屬性會比較適當。

欄位名稱	資料類型	限制、屬性
id		
title		
genre		
published_at		
memo		

回答範例（以 MySQL 為例）

欄位名稱	資料類型	限制、屬性
id	int	AUTO_INCREMENT, NOT NULL
title	varchar	NOT NULL
genre	varchar	NOT NULL
published_at	datetime	NOT NULL
memo	text	

在上面的例子中，我們預期 id 欄會用來存放數值，因此設定為 int 類型，另外，為了自動插入連續編號 1,2,3,……，設定為 AUTO_INCREMENT。

title 與 genre 欄則預計會儲存字串，因此設定為 varchar 類型，而 published_at 欄則預計會存入日期，因此設定為 datetime 類型，為了避免這些欄位出現空值，因此都設有 NOT NULL 限制。

而 memo 欄則設定為 text 類型，才能代入較長的字串。

第5章

導入資料庫

~資料庫的結構與資料表設計~

導入系統的流程

導入系統後的問題與資料庫導入流程

導入系統時，如果沒有釐清應該預先思考的事項，可能會導致預期外的問題發生，例如**導入後發現功能未達需求，甚至導入了不必要的功能，又或者過程中才發現需要重新設計，反而花了更多工作時間**。

為了避免這些情況，我們必須事先釐清系統的導入流程，一般來說，系統開發流程大約可以分為需求定義、設計、開發、使用這幾個步驟（圖 5-1）。

❶ 需求定義

在這個階段，我們必須找出實際情況中的問題，並決定系統應如何設計才能予以解決。過程中要瞭解問題與需求，再歸納出需要哪些功能（參考 **5-4**）。

❷ 設計

設計是根據需求定義，決定符合條件的系統規格。例如資料庫要建立哪些資料表與欄位，要對欄位設定哪種資料類型與限制，都是在這個階段決定。設計資料庫時也可以使用 ER 模型（參考 **5-7**~**5-9**），或是執行正規化（**5-10**~**5-13**）。

❸ 開發

開發階段則必須根據設計內容，逐漸讓軟體與資料庫成形。以資料庫為例，開發時會使用 SQL 語言等來建立資料表，並對欄位設定限制。

❹ 導入、使用

系統建立完成後就可以導入至業務流程，或是將軟體公開，讓系統可以正式啟用。必要時可以在使用前執行運作測試，或是先從單一部門小範圍試用系統。

圖5-1 資料庫導入流程

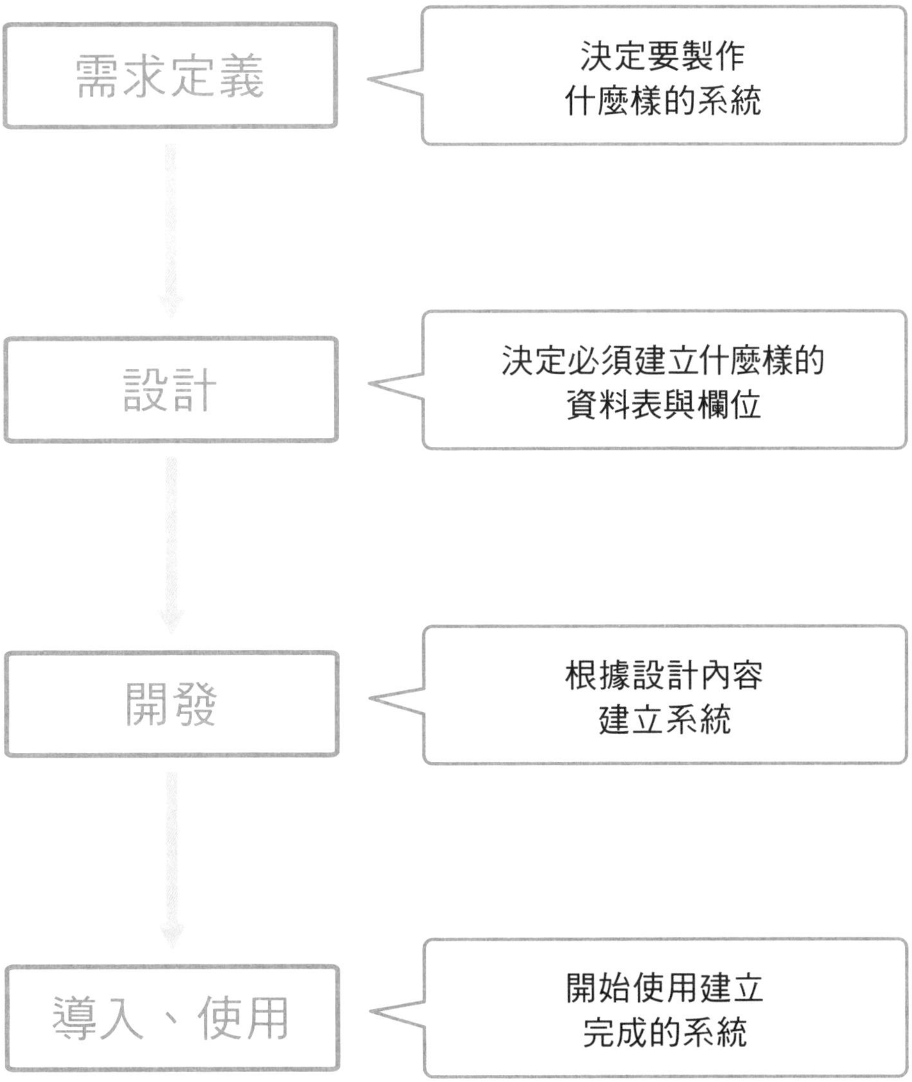

需求定義	決定要製作什麼樣的系統
設計	決定必須建立什麼樣的資料表與欄位
開發	根據設計內容建立系統
導入、使用	開始使用建立完成的系統

Point

- 沒有經過完整思考就直接導入系統，將很容易發生預期外的狀況，例如導入後才發現功能不足，或是耗費更多不必要的工作時數。
- 資料庫等系統的開發階段大約可以分為需求定義、設計、開發、使用等。

導入系統會有哪些影響？

開發系統會需要哪些成員？

開發系統時，要確定開發時需要哪些成員，並決定負責的人選。以公司內部自行開發系統為例，會需要：

- 設計資料庫的人
- 根據設計內容建構資料庫的人
- 系統完成後執行測試的人

等成員分工合作。此外，也可能需要專案主管等角色來確認進度，有時候是以分工的方式進行，有時則由一個人身兼多個職務，如果是小的專案，就可能從設計到開發都是由一個人來負責（圖 5-2）。

因系統導入而改變的業務流程

導入新的系統後，以往的業務流程與系統使用方式可能會跟著改變，如果改變可能讓使用者感到困惑，就必須事先想好因應的方式。

若是為了提升工作效率才導入資料庫系統，那麼系統導入後工作流程可能會改變，或是新系統轉換期間可能需要將業務暫停（圖 5-3）。這種情況下，就必須進行教育訓練，讓負責人員了解新系統的使用方式，或者事先告知相關人員系統轉換期間業務將會暫停。

另外，**也可以詢問業務系統的實際使用者，現況是否有任何的不便或需求，在建構新系統時納入考量**。必要時也可以請使用者協助確認系統的使用體驗，測試系統是否正常運作。導入新的系統，會需要開發人員等許多成員互相合作。

圖5-2 在系統開發中擔任不同角色的成員

設計 兼 開發人員

圖5-3 導入新系統所產生的影響

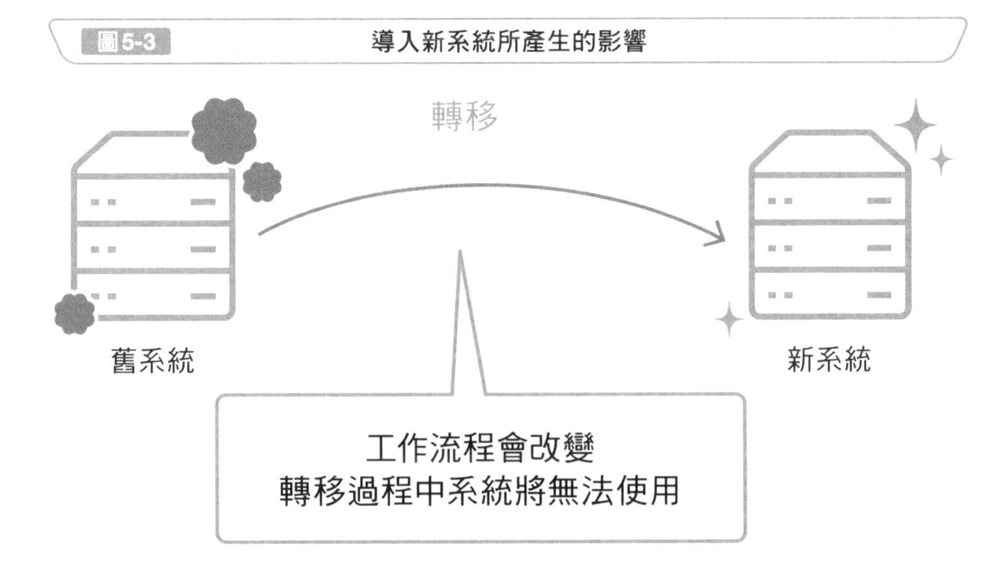

Point

- 開發系統需要許多成員，如設計與建構系統的人員、測試人員、專案主管等。
- 導入新系統可能會讓工作流程改變，轉移系統時也可能需要將業務暫停，因此導入系統時必須與相關人員互相合作。

評估導入資料庫的必要性

導入資料庫的壞處

導入系統雖然有許多好處，不過也有下述的壞處，因此評估是否導入時，一定要經過詳細的評估（圖 5-4）。

首先，設計與導入資料庫需要花費時間與費用，導入資料庫前，會經過需求定義、設計、開發等步驟，系統啟用前相關的業務也會需要調整。將作業外包或是使用商業化產品雖然能將工時降到最低，但相對的費用也比較高。

另外，相關人員也需要學習系統的專業知識與使用 SQL 操作的方法。**有些方法能讓不具專業知識的使用者也可以簡單地操作資料庫，但嘗試不同做法時，就需要具備更高階的知識**。

如果導入資料庫之後發生錯誤，則需要掌握原因、予以因應，有時也會需要建立備份與擬定安全性措施。

評估導入系統的必要性

導入資料庫時，也需要將導入目的納入評估。資料庫並不是什麼魔法道具，它只是累積、整理資料的一項工具，能不能好好運用，還是要依使用者而定，**我們需要思考資料庫是否真的能協助我們達成目的，並且帶來好處**。

假如我們的目的是提升工作效率，那麼是否能透過資料庫達成，就要看我們如何使用。其實，相較於自行導入系統，使用其他軟體與產品或許會更加容易（圖 5-5），如果導入系統，卻因為懶得學習新系統而維持以往的方式，那麼費了一番功夫才導入的系統，反而會導致工作量增加，白費了時間與成本。因此，請試著思考導入系統後的情境，**如果缺點多於優點，也可以評估是否選擇其他方案**。

導入資料庫的缺點

花費時間與金錢

需要專業知識

視情況可能需要維護

圖5-5 資料庫以外的選擇

以電子試算表
管理資料

購買符合需求的
專用軟體與產品

Point

✐由於導入資料庫也有缺點，要仔細評估後才考慮導入。

✐思考除了自行導入資料庫之外是否有其他選擇。

使用對象與使用目的

透過需求定義找出需要的功能

開發系統時，首先要進行需求定義。簡單來説，需求定義是整理出希望達成的功能以及如何實現，以找出需求的一項作業（圖 5-6）。如果一下子就進入系統開發階段，完成的系統可能不如預期，或者功能不敷使用，很容易會發生意料之外的錯誤。透過需求定義，**與系統有關的所有成員，例如開發人員與客戶等就能掌握現況的問題點、要開發的功能項目，以及了解系統完成後的操作情境、業務上的轉變，從源頭避免可預知的錯誤**。

假設使用者需求是將原本使用記事本手動進行的營收統計自動化，要實現這個需求，就必須進一步思考，是否要導入 POS 收銀系統，以條碼記錄銷售商品？記錄時是否要手動輸入電腦？實際統計時要使用什麼樣的計算方法？統計結果是否要顯示在畫面上，或是每天透過電子郵件接收？像這樣逐步決定實際上系統如何操作，以實現需求。**決定好的項目通常會整理為文件，也就是需求定義書**（圖 5-7）。

資料庫中的需求定義

資料庫若是單獨使用則用途有限，大多數應該都是與收銀系統、應用程式、網站等其他產品與軟體搭配使用，而資料庫負責的功能就如 **1-2** 所介紹，有登錄、整理、搜尋資料，因此需求定義階段中與資料庫有關的決定事項，主要是儲存的資料對象，以及應該輸出什麼資料等。

圖5-6　需求定義的流程

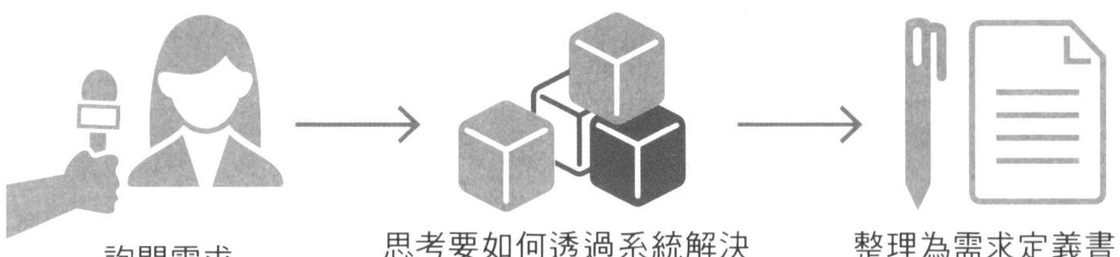

圖5-7　自動營收統計系統之需求定義範例

・以手動方式，將進貨商品的ID與價格儲存至資料庫
・結帳時以POS收銀系統讀取商品資料，在資料庫記錄銷售商品的ID
・在每天晚上八點以電子郵件通知商店負責人當日總營收

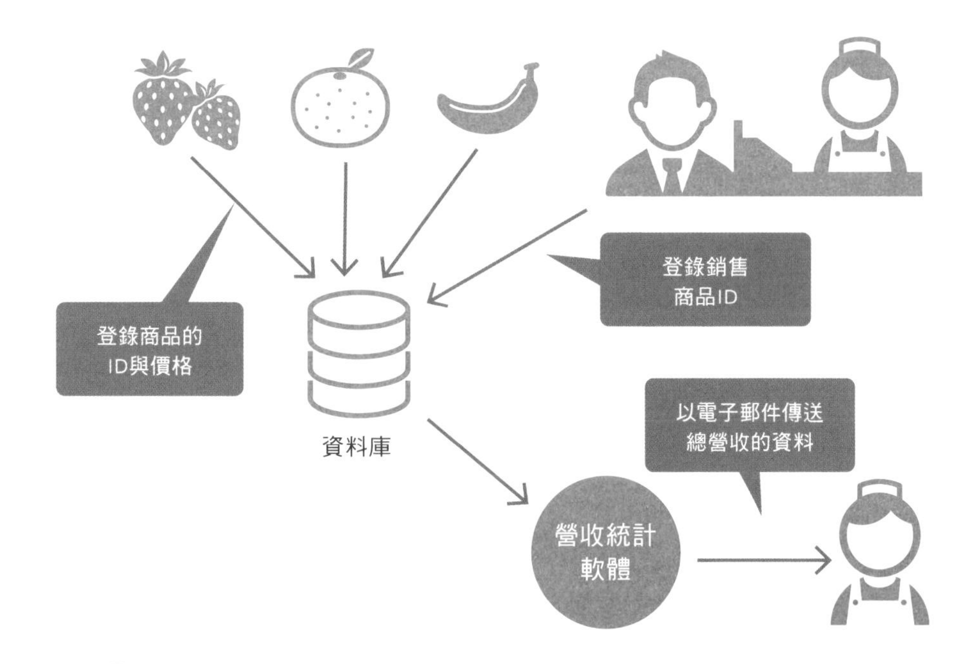

Point

✐在需求定義的階段中，要思考如何透過系統實現需求，並整理為需求定義書。

✐對資料庫進行需求定義時，要決定需要儲存、輸出什麼樣的資料。

思考哪些資料必須儲存

確認資料庫中要儲存哪些資料項目

在 **5-4** 我們介紹了使用者的需求，並定義所需要的系統，若以上都完成，接下來就必須思考要儲存什麼樣的資料。

如果要建構一個資料庫來管理售出商品，則必須指定要儲存商品的哪項資訊。例如，除了商品名稱與價格等商品本身的資料外，可能也需要儲存消費者的資料，以及哪位消費者購買了哪項商品等紀錄（圖 5-8）。

像這樣**列出所有必須儲存在資料庫的資料，在之後的開發階段就能運用於資料表的設計**。此外，要實現需求定義階段所定義的系統，在這個階段就要確認是否有遺漏其他需要儲存於資料庫中的項目。

抽取儲存的資料對象與資料項目

在釐清應該儲存哪些資料時，必須抽取出儲存的資料對象，也就是實體（**entity**），以及實體的詳細資料項目（屬性）。

實體是具有共通點的資料集合，換句話說，實體就是資料中的人物或是物品。具體的例子有商品、消費者、消費紀錄、店鋪等，這些都算是實體。中文雖然將 entity 翻譯為實體，卻不一定要是實際存在的物體，像消費紀錄這種概念性的內容也是實體。

接下來再從實體進一步抽取更具體的資料項目，也就是屬性。舉例來說，如果商品是實體，那麼屬性就是商品名稱、價格，以及商品 ID 等（圖 5-9）。

在 **5-17** 也將會介紹具體的範例，說明如何抽取實體與屬性。

圖5-8　決定資料庫中儲存的資料項目

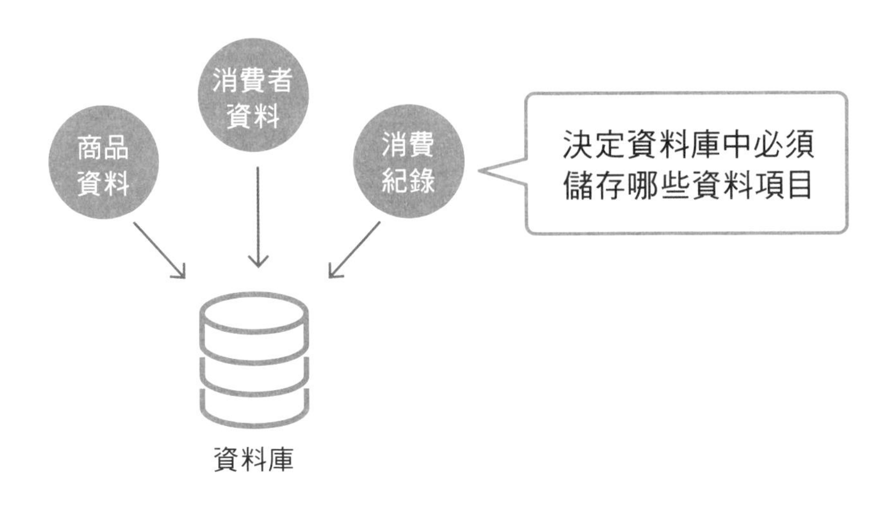

圖5-9　實體與屬性的範例

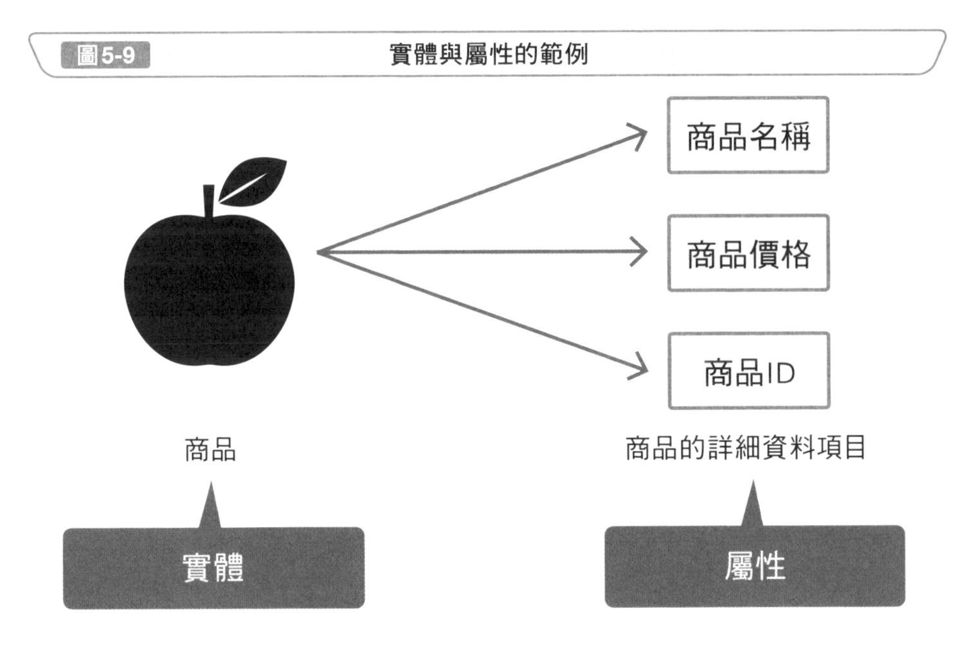

Point

- 依照需求定義中歸納的需求，抽取實體與屬性。
- 實體是儲存的資料對象，屬性則是實體的詳細資料項目。

思考資料間的關聯性

確認實體間的關係

實體經常會與其他的實體有所關聯，而實體間的關係就稱為關聯性（relationship）（圖 5-10）。關聯式資料庫會組合多個具關聯性的資料表來呈現資料，**因此，事先思考實體間的關聯性，在設計資料表時就能較輕易掌握資料表間的關係，並掌握所需要的欄位**。

關聯性的種類

關聯性有以下三種（圖 5-11）：

- 一對多

  一對多表示某一筆資料與多筆資料相互關聯，例如一個部門有多名員工就是這種狀態。另外，社群軟體的使用者與使用者的貼文，也是一位使用者對上多篇貼文，因此也是一對多的關係。

- 多對多

  多對多表示 A 側的一筆資料與 B 側的多筆資料相互關聯，而 B 側的資料也與 A 側的多筆資料相互關聯。以課程與學生的關係為例，就像是一堂課有多名學生參與，相對的，一名學生也修習了許多課程一樣。

- 一對一

  一對一是一筆資料對應一筆資料，兩者相互關聯。例如在網站上登錄的使用者帳戶與電子郵件的收信設定，每名使用者都會有各自對應的資料。不過，在設計資料表時，一對一的關係只需要一份資料表就能整理在一起，因此通常只有在特殊情況下才會使用。

圖5-10 實體間的關係

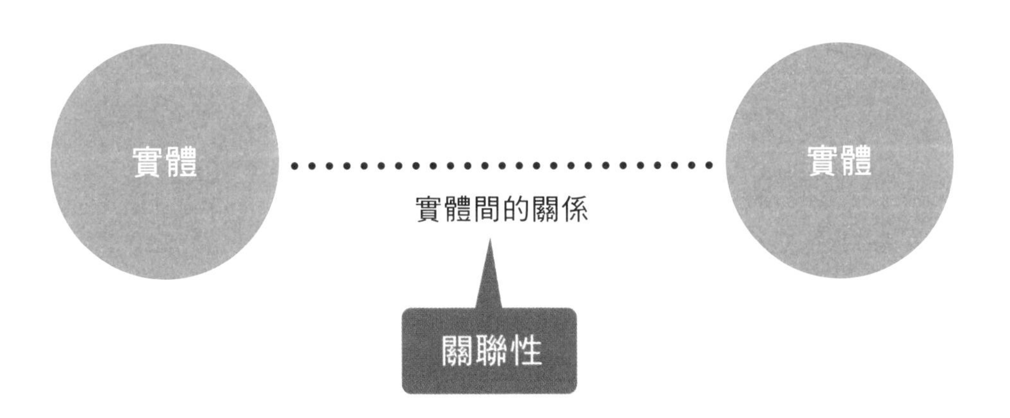

圖5-11 關聯性的種類

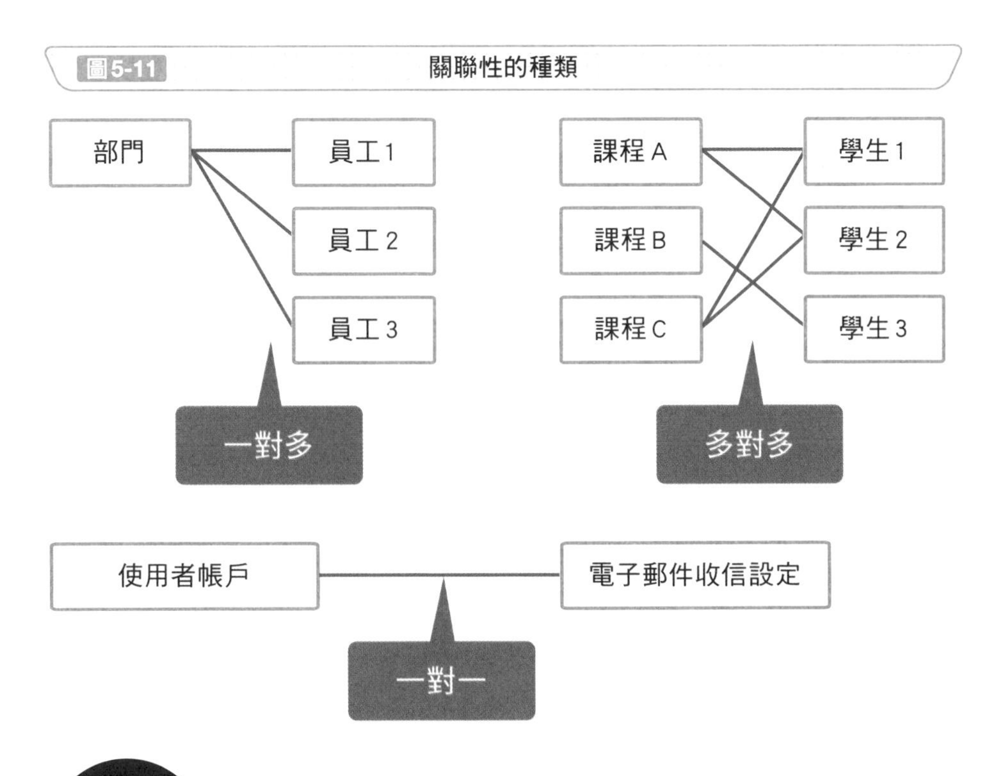

Point

- 實體間的關係就稱為關聯性。
- 關聯性有三種，分別是一對多、多對多、一對一。

以圖呈現資料間的關係

掌握資料與其關聯性的方法

ER 模型是以圖的方式呈現出實體與關聯性。嚴格說來，ER 模型有幾個種類，視需要可以分為三層建立，分別是概念模式→邏輯模式→實體模式。概念模式是使用較抽象的圖，概略掌握系統的整體概要，而越是走向實體模式，就越需要記錄實際建構資料庫時所需要的詳細資料（圖 5-12）。

設計資料庫並不一定要使用 ER 模型，但透過 ER 模型**可以一眼掌握資料庫儲存了什麼資料，資料之間有著什麼樣的關係**，需要時可以事先製作 ER 模型，讓建立資料庫的過程更加順利。

ER 模型對於以下的情境很有幫助（圖 5-13）。

- 資料表設計

  ER 模型可以同時呈現出系統整體的邏輯、作業機制，以及出現的人物與物品，因此在設計資料表時能夠毫無遺漏地決定所需元素。

- 問題點的掌握

  資料庫出現設計上的問題時，ER 模型有助於一眼掌握既有資料庫的整體概要，發現問題點並找出解決方案。

建立 ER 模型

ER 模型當然可以畫在紙上，不過如果要與多名成員共享資訊，就可以使用**製圖軟體，將畫好的模型以電子檔案的方式留存，相當便利**。也有些專門用於建立 ER 模型的軟體可供選擇。

圖5-12　ER 模型的概要

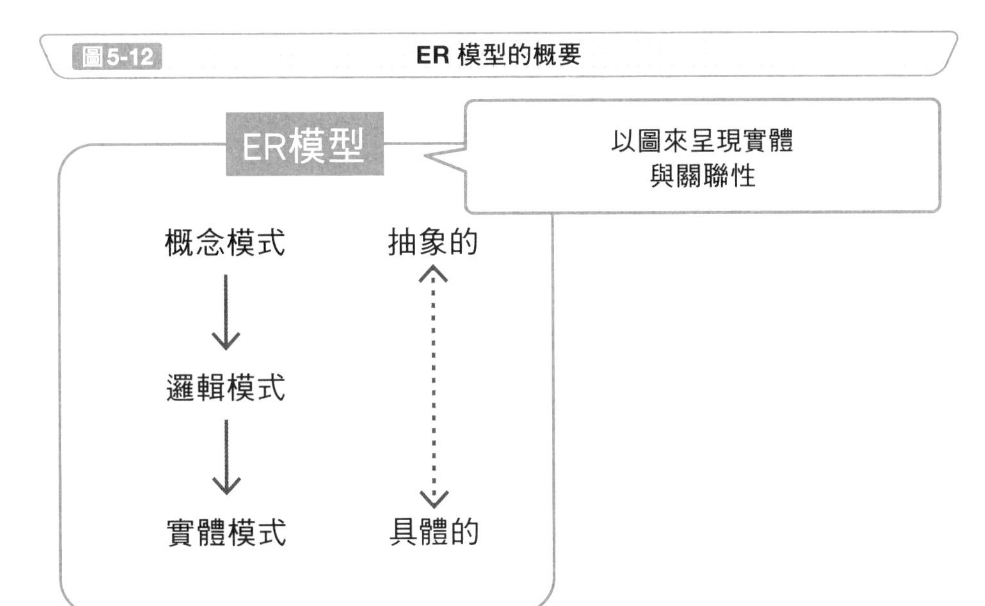

圖5-13　ER 模型的用途

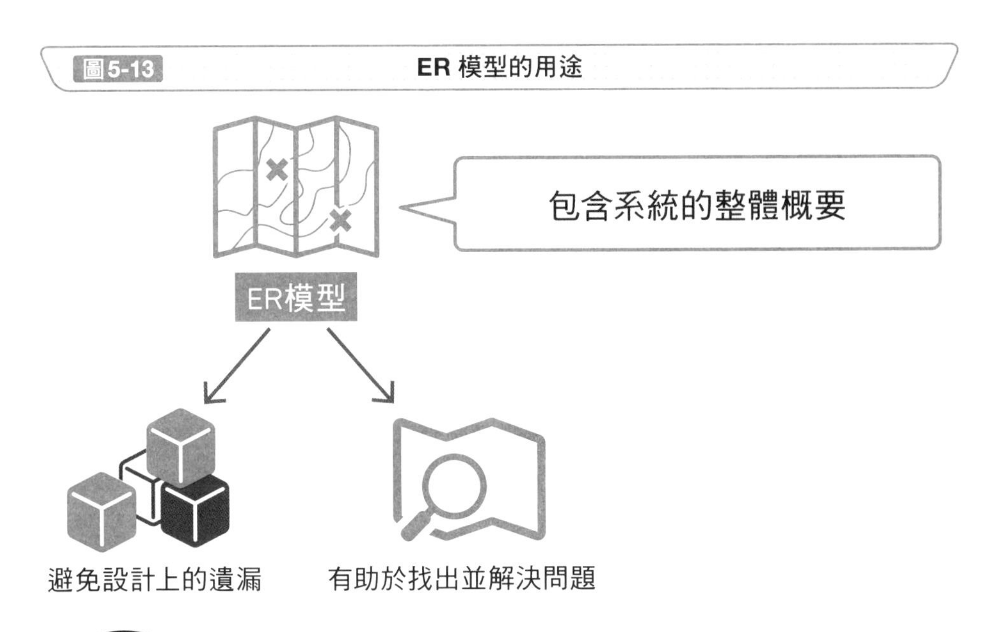

Point

- ER 模型是以圖的方式呈現實體與關聯性。
- ER 模型可以畫出資料庫的整體概要，有助於設計資料表與找出資料庫的問題點。

ER 模型的呈現方法

ER 模型的基本畫法

ER 模型就像圖 5-14 一樣，會呈現出實體、屬性與關聯性。**ER 模型的畫法**不同，細部的繪製方法也會有所不同，不過基本上都是寫下實體名稱與該實體的屬性，再以線連結相互關聯的實體。

繪製時，關聯性是一對多、多對多，還是一對一，也必須予以區別，例如圖 5-14 就是以箭頭的尖端代表「多」。其他也有許多畫法，各有不同。

圖 5-15 是將大學的課程資訊畫成 ER 模型的範例，實體有「教師」、「課程」與「學生」，一名教師負責多門課程，不過一門課就是由一名老師負責，因此「教師」與「課程」是一對多的關係。此外，一門課程有多名學生參與，而一名學生又修習多門課程，因此「課程」與「學生」屬於多對多的關係。**以文字描述這些關聯性並不容易理解，但透過 ER 模型呈現就能一眼掌握**。

ER 模型畫法的種類

ER 模型因應不同用途發展出各式繪製方法，較著名的有 IDEF1X 模型與 IE 模型，不同圖形的畫法與可呈現的內容有著些許差異。如果 ER 模型的資訊是由多名成員共享，那麼就必須確定彼此對圖形有相同的認知，因此，**事先決定好繪製方式比較不會發生問題**。

無論哪種繪製方式的概念都相同，這裡將省略細節的説明，僅概略説明 ER 模型呈現資料的方式。如果希望進一步了解 ER 模型，只要對接下來介紹的繪製方式進一步學習，就能加深理解。

圖5-14 **ER 模型的繪製方法**

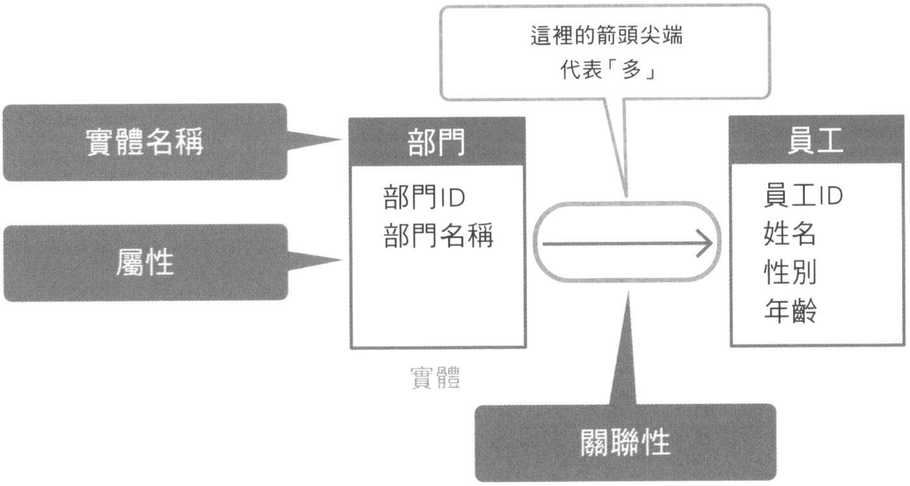

這裡的箭頭尖端
代表「多」
實體名稱
屬性
部門
部門ID
部門名稱
實體
員工
員工ID
姓名
性別
年齡
關聯性

圖5-15 **以 ER 模型呈現大學課程資料的範例**

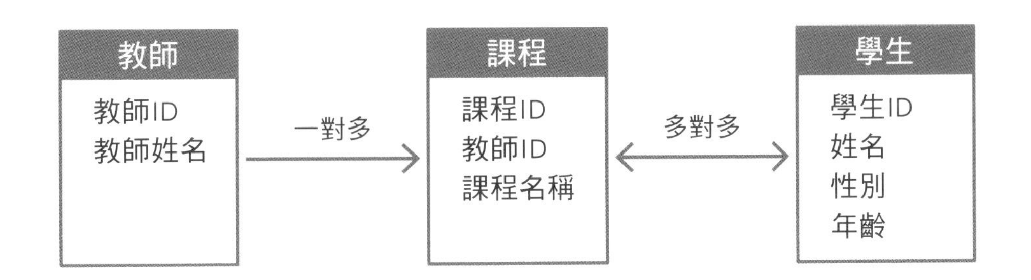

教師
教師ID
教師姓名
一對多
課程
課程ID
教師ID
課程名稱
多對多
學生
學生ID
姓名
性別
年齡

Point

- 一般來說，ER 模型會同時寫下實體名稱與該實體的屬性，並將相互關聯的實體以線連結。
- ER 模型因應用途發展出許多種繪製方法，例如 IDEF1X 模型與 IE 模型等。

ER 模型的種類

ER 模型中的三種模式

在 **5-7** 介紹了 ER 模型，而接下來將進一步具體説明。

圖 5-16 是設計儲存大學課程資料的資料庫時，分別繪製為 ER 模型中不同模式的範例。依照概念模式、邏輯模式的順序建立，最後再建立實體模式，而實體模式的內容已經可以實際運用資料庫來管理（圖中的畫法就是一個例子）。

模式的種類

概念模式是三種模式中最抽象的，**以圖的方式概略歸納物體（實體）與事件，讓人一看就能掌握資料庫中需要的元素**。在概念模式的階段還不必考量資料的結構，而是整理出整體概要，以運用至之後的階段。

邏輯模式是**從概念模式發展而來的圖形，會以更貼近資料庫中的資料型態進一步定出細節**。具體來説，邏輯模式是將概念模式加上屬性與關聯性（一對多、多對多、一對一）。圖 5-16 是對「教師」這個實體新增「教師 ID」與「教師姓名」等屬性，而對「課程」與「學生」等實體也一樣執行新增屬性的動作。另外，圖的設計也讓我們了解「教師」與「課程」這兩個實體是一對多，「課程」與「學生」這兩個實體是多對多的關係。

從邏輯模式進一步決定細節的圖形，就是實體模式。實體模式是 **ER 模型最後階段的模式，其內容已經可以實際運用資料庫來管理**，它是以邏輯模式為基礎，進一步決定實際資料庫中使用的資料表、欄位名稱，以及資料類型，並視需要建立中間資料表（參考 **5-18**）。圖 5-16 也將資料庫與資料表名稱轉換為半形英數字，並設置「member」這個中間資料表來呈現多對多的關係。

圖5-16 大學課程資料庫設計之 ER 模型範例

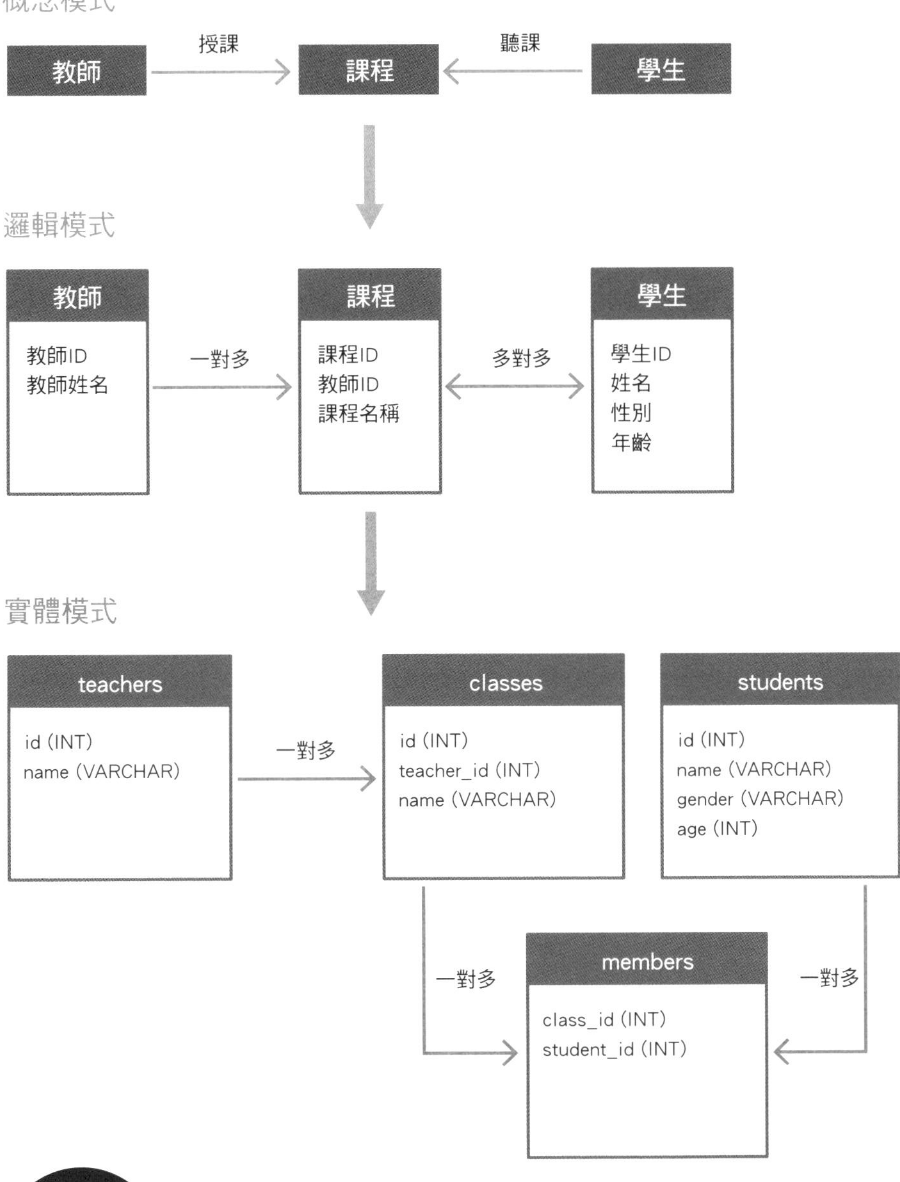

Point

- ER 模型的建立順序為概念模式→邏輯模式→實體模式。
- 從抽象的概念模式開始逐漸具體化，最後建立實體模式，實體模式的內容已經可以實際運用資料庫來管理。

調整資料結構

將資料調整為易於管理的結構

簡單來說，**正規化**就是整理資料庫資料的一個步驟。讓我們試著以圖 5-17 的商品訂單管理資料表來思考，圖中的資料在登錄後因為蘋果的價格有誤而需要更改，這時候蘋果的訂單資料將必須逐筆變更。如果有大量的訂單，逐一修改所有資料不僅相當費工，修正時若是有所遺漏也會導致資料發生衝突。而另外建立專門管理價格的資料表，就可以避免這樣的問題。

執行正規化，**就可以減少這種資料重複的情況，將資料調整為更易於管理的結構**。

正規化的好處

正規化有以下的好處（圖 5-18）。

- **資料的維護更輕鬆**

  由於相同的資料不會再四散各處，更改資料時，可以將修正範圍減到最低。另外，正規化也可以避免修正時有所遺漏，因此能夠防止資料衝突的情況。

- **減少資料的容量**

  減少不必要的資料重複，有助於減少需要的儲存空間。

- **讓資料可以更廣泛使用**

  執行正規化將資料整理之後，資料庫在與其他多種系統搭配運作以及轉移資料時都會更加順利。

圖5-17 執行正規化的範例

消費者A 蘋果 150日圓 → 200日圓
消費者A 橘子 100日圓
消費者B 蘋果 150日圓 → 200日圓
消費者C 草莓 300日圓
消費者C 蘋果 150日圓 ⋯→

逐一修正會有
遺漏的情況

蘋果	150日圓
橘子	100日圓
草莓	300日圓

另外建立專用
資料表來管理價格

圖5-18 正規化的好處

減少資料容量

更容易維護

更容易應用於其他用途

Point

- 正規化是整理資料庫資料的一種程序。
- 執行正規化可以減少不必要的資料重複，將資料調整為更容易管理的結構。

讓項目不重複

讓資料得以登錄至資料庫的第一正規化形式

執行正規化時，會按照第一正規化形式、第二正規化形式的順序分階段進行，而第一個階段，也就是第一正規化形式的特徵**是一份資料中重複出現的項目會被排除**。將資料登錄到資料表的過程中，會縱向新增紀錄，不過橫向的項目（欄）則需要固定，因此，當多個相同項目重複出現時，會因為欄數不足導致資料無法登錄。

如果以資料庫管理商品時，將商品 1 的名稱與價格、商品 2 的名稱與價格、商品 3 的名稱與價格……記錄在同一列，這樣的資料結構將無法藉由資料庫來管理。因此，我們要先透過第一正規化形式將資料轉換為可以登錄至資料庫的格式。

第一正規化形式的範例

讓我們試著使用 Excel 等電子試算表對學校的每門課程分別建立工作表，列出並管理所有修課的學生。如果將這些資料集中於一份資料表，就會如圖 5-19，導致一門課程出現多筆學生 ID 與學生姓名等項目的情況，而單一列的同一項目中具有多筆資料，就稱為非正規化的資料表。

非正規化的資料表很難透過資料庫來管理，因此要將每一列中的多筆學生資料項目獨立為不同列，這樣一來，就會出現圖 5-20 的結果，每一列的學生只會有一位，學生 ID 與學生姓名的項目將不會再出現多筆資料，相對的，這麼做之後相同的課程名稱也會出現在許多列紀錄中，但是在這裡並不會構成問題，這就是第一正規化形式。

圖5-19　非正規化資料表的特徵

課程名稱	教師姓名	教師電話	學生ID	學生姓名
資料庫	佐藤	090-***-***	1	田中
			2	山田
			3	齊藤
程式設計	鈴木	080-***-***	2	山田
			4	遠藤

一列紀錄中重複
出現相同的項目

圖5-20　第一正規化形式的範例

課程名稱	教師姓名	教師電話	學生ID	學生姓名
資料庫	佐藤	090-***-***	1	田中
資料庫	佐藤	090-***-***	2	山田
資料庫	佐藤	090-***-***	3	齊藤
程式設計	鈴木	080-***-***	2	山田
程式設計	鈴木	080-***-***	4	遠藤

每一列都是獨立的資料

Point

- 第一正規化形式的特徵是一份資料中的重複項目會被排除。
- 第一正規化形式會將資料轉變為可以登錄至資料庫的型態。

» 切割不同種類的項目

讓資料更容易管理的第二正規化形式

資料表中會有一欄，只要知道其中的資料值，就可以找到特定一筆紀錄。**如果有另一欄的值是依此欄而定，兩欄之間具有從屬關係，那麼就必須將該欄位切割至別的資料表**，而這個結果就稱為第二正規化形式。

例如圖 5-21 的商品庫存管理資料表，其中的項目包含分店名稱、商品名稱、商品價格、庫存數量，只要知道分店名稱與商品名稱，就能夠找到特定一筆紀錄。接著再將與這些項目相對應的項目切割，在這個例子中，由於對應到商品名稱的項目是價格，因此在第二正規化形式的階段會將價格切割至別的資料表。

去除掉從屬關係，就可以將不同種類的資料分開管理，例如新商品進貨時，就可以先登錄商品名稱與價格，這是因為，如果都將商品資料統一記錄於訂單資料表，新商品進貨時就會因為沒有訂單，而無法登錄商品資料，而且，**若是之後才回頭編輯商品名稱，就會需要同時更改多筆紀錄，這樣可能會導致資料不一致的情況發生**。

第二正規化形式可以解決這些問題，將資料調整為更易於管理的型態。

第二正規化形式的範例

以圖 5-22 為例，可以辨識出特定一筆紀錄的欄位有課程名稱與學生 ID，其中，課程名稱會對應到教師姓名與教師電話，學生 ID 會對應到學生姓名，我們將這些具有從屬關係的項目切割至別的資料表，接著就可以建立每門課程的學生名單資料表、課程資料表，以及學生資料表，這就是第二正規化形式。

這樣一來，就能將課程與學生資料分開管理，還未確定有哪些學生修習的課程資料，以及尚未修習課程的學生資料都可以事先登錄，希望更改課程的授課老師時，也只要編輯課程資料表中相對應的一筆紀錄即可。

圖5-21　可以辨識出特定一筆紀錄的欄位之項目範例

商品的庫存管理資料表

分店名稱	商品名稱	商品價格	庫存數量
A 分店	蘋果	200	3
A 分店	草莓	300	5
B 分店	蘋果	200	2
B 分店	橘子	100	3
C 分店	草莓	300	1

A 分店的草莓庫存為 5

C 分店的草莓庫存為 1

若知道分店名稱與商品名稱，就可以找到特定一列

圖5-22　第二正規化形式的範例

可以辨識出特定一筆紀錄的欄位

從屬關係

從屬關係

課程名稱	教師姓名	教師電話	學生ID	學生姓名
資料庫	佐藤	090-****-****	1	田中
資料庫	佐藤	090-****-****	2	山田
資料庫	佐藤	090-****-****	3	齊藤
程式設計	鈴木	080-****-****	2	山田
程式設計	鈴木	080-****-****	4	遠藤

課程名稱	學生ID
資料庫	1
資料庫	2
資料庫	3
程式設計	2
程式設計	4

課程名稱	教師姓名	教師電話
資料庫	佐藤	090-****-****
程式設計	鈴木	080-****-****

學生ID	學生姓名
1	田中
2	山田
3	藤
4	遠藤

可以辨識出特定一筆紀錄的欄位，以及與之具有從屬關係的欄位會切割為另一份資料表

Point

- 第二正規化形式是從第一正規化形式的資料中，切割出可以辨識特定一筆紀錄的相關元素。
- 將資料調整為第二正規化形式後，就可以將不同種類的資料分開管理，如此一來資料的登錄與編輯將變得更容易。

切割具有從屬關係的項目

避免資料不一致的第三正規化形式

第二正規化形式的階段會把可以辨識出特定一列的欄位，以及與之具有從屬關係的欄位切割為另一份資料表。而第三正規化形式的階段中，則會進一步將其他具有從屬關係的欄位再切割至另一份資料表。

與第二正規化形式相同，第三正規化形式是**藉由去除從屬關係，避免相同的資料同時登錄於多筆紀錄中，需要回頭編輯資料時，也只要更改一個值，其他相對應的資料就會跟著修改**，因此也可以避免資料不一致的情況發生。

第三正規化形式的範例

在 **5-12** 的第二正規化形式中，資料表已經大致整理完成，接下來我們要進一步尋找是否還有可以切割的資料表。觀察剛才的課程資料表，發現一個教師姓名的資料值可以對應到一筆教師電話，兩者之間具有從屬關係，這兩個項目就可以切割到別的資料表（圖 5-23）。

透過這個方式，就可以將教師資料分開管理，想要更改教師的聯絡資訊時，就算教師負責多門課程，也只要編輯相對應的單一筆紀錄就可以。

關於正規化的補充說明

轉換為第三正規化形式後就如圖 5-23，如果有教師的姓名相同，教師資料表的教師姓名欄位中就會有多筆紀錄的資料值相同，這會導致難以辨別，因此我們要另外建立新的教師 ID 欄位，在課程資料表中不使用教師姓名，而是加入教師 ID 欄位並建立連結，就可以避免這種問題。對課程資料表也使用相同方式加入課程 ID，就會像圖 5-24 一樣。

圖5-23 第三正規化形式的範例

從屬關係（教師姓名 ↔ 教師電話）

課程名稱	學生ID
資料庫	1
資料庫	2
資料庫	3
程式設計	2
程式設計	4

課程名稱	教師姓名	教師電話
資料庫	佐藤	090-****-****
程式設計	鈴木	080-****-****

學生ID	學生姓名
1	田中
2	山田
3	齊藤
4	遠藤

↓

課程名稱	學生ID
資料庫	1
資料庫	2
資料庫	3
程式設計	2
程式設計	4

課程名稱	教師姓名
資料庫	佐藤
程式設計	鈴木

教師姓名	教師電話
佐藤	090-****-****
鈴木	080-****-****

學生ID	學生姓名
1	田中
2	山田
3	齊藤
4	遠藤

進一步將具有從屬關係的欄位切割至其他資料表

圖5-24 在各個資料表加入 ID 的範例

課程ID	學生ID
1	1
1	2
1	3
2	2
2	4

課程ID	課程名稱	教師ID
1	資料庫	1
2	程式設計	2

教師ID	教師姓名	教師電話
1	佐藤	090-****-****
2	鈴木	080-****-****

學生ID	學生姓名
1	田中
2	山田
3	齊藤
4	遠藤

新增ID欄位，就可以區別名稱相同的紀錄

Point

- 第三正規化形式是在第二正規化形式後進一步切割具有從屬關係的資料。
- 調整為第三正規化形式可以去除從屬關係，避免資料不一致的情況。

決定欄位設定

決定欄位的資料類型、限制、屬性

確定儲存資料時需要哪些欄位後，接下來就要決定每個欄位的資料類型、限制，與屬性。

首先是資料類型，每個欄位所儲存的資料值格式不同，因應不同格式，必須設定為數值類型、字串類型、日期類型等。

至於限制與屬性則是從許多層面思考後再決定，例如是否要放入初始值，是否不允許資料為空白狀態，輸入值是否不得與其他紀錄相同，是否自動存入連續號碼，是否要設為主鍵與外鍵等（資料類型與限制種類請參考第四章）。

對每個欄位進行設定的範例

圖 5-25 是對每個欄位進行設定的範例。

將每個資料表中的課程 ID、教師 ID、學生 ID 作為主鍵，在欄位中自動存入連續編號，讓欄位中的紀錄具有唯一性。

接著再對課程名稱、教師姓名、學生姓名等欄位進行設定，為了讓空值無法存入，新增不允許空值的設定。

而連結到其他資料表的欄位則設定為外鍵，藉由這個方式，讓不存在於參考資料表的值無法被儲存。

另外，考量到教師電話資料會是一串數字，因此設定為數值類型，有些情況下，例如希望存入連字符（-），則可以設定為字串類型。

圖5-25 對每個欄位進行設定之範例

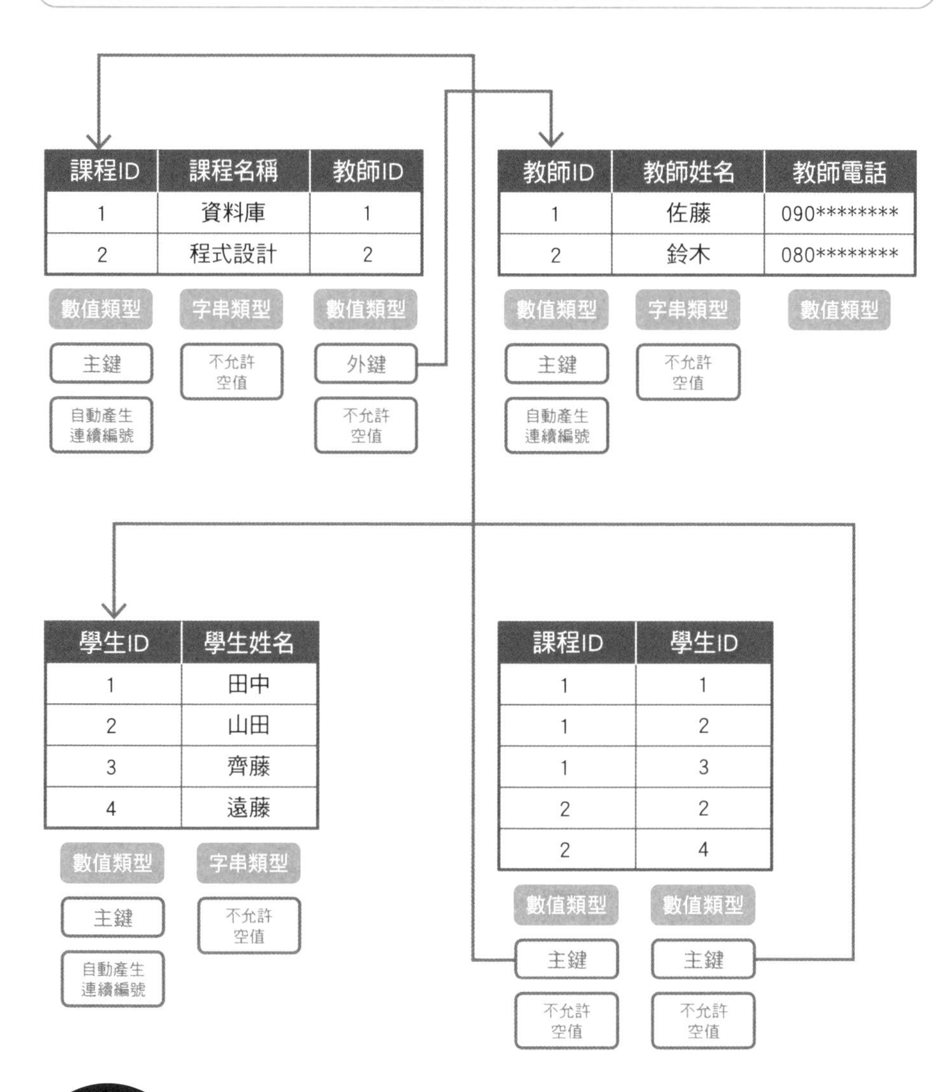

Point

- 決定好需要哪些欄位後，接著要對每個欄位設定資料類型、限制，與屬性。
- 資料類型是因應儲存值的型態，將欄位設定為數值類型、字串類型、日期類型等。
- 限制與屬性是依照是否放入初始值、是否允許空欄與資料重複、是否存入連續編號、是否設為主鍵與外鍵等層面來進行設定。

決定資料表與欄位名稱

一看就懂的資料表名稱與欄位名稱

資料表與欄位命名以英數字為主流，若以中文命名，在有些環境中可能無法運作，或可能導致預期外的錯誤發生，因此**在沒有特殊理由的情況下，以英數字命名是較為安全的做法**。

以下統整了一些資料表與欄位名稱的命名規則，以及讓名稱簡單明瞭的秘訣，不過這些規則並非絕對，請視情況參考即可（圖 5-26）。

- 資料表名稱與欄位名稱只使用半形英數字與底線
- 不使用大寫，全部統一使用小寫，第一個字元不使用數字
- 資料表名稱使用複數形
- 使用對其他人來說也簡單易懂的名稱（例如避免使用縮寫）
- 用來連接其他資料表主鍵的欄位則統一命名為「資料表名稱（單數形）_id」（例如 user_id, item_id）
- 從欄位名稱就能看出欄位儲存值的類型（例如 BOOLEAN 類型則命名為「is_ ○○○」，日期時間類型則使用「○○○ _at」）
- 避免將欄位名稱命名為「○○○ _flag」（例如命名為「is_deleted」，而非「delete_flag」，若為 true，就能知道欄位資料處於被刪除的狀態」）

避免使用容易混淆的命名

同義字是不同名稱卻具有相同涵義的詞彙，例如能夠代表商品的詞彙有「item」與「product」，命名時必須統一，這樣就能判斷欄位資料是否為同一種，避免產生混淆的情況。

另外，也有相同名稱卻具有不同涵義的詞彙，稱為同音異義字。舉例來說，當需要儲存店家與消費者的資料時，若將兩者都命名為「user」將無法區別，造成混淆，這時候就可以考慮分別命名為「seller」與「buyer」等名稱（圖 5-27）。

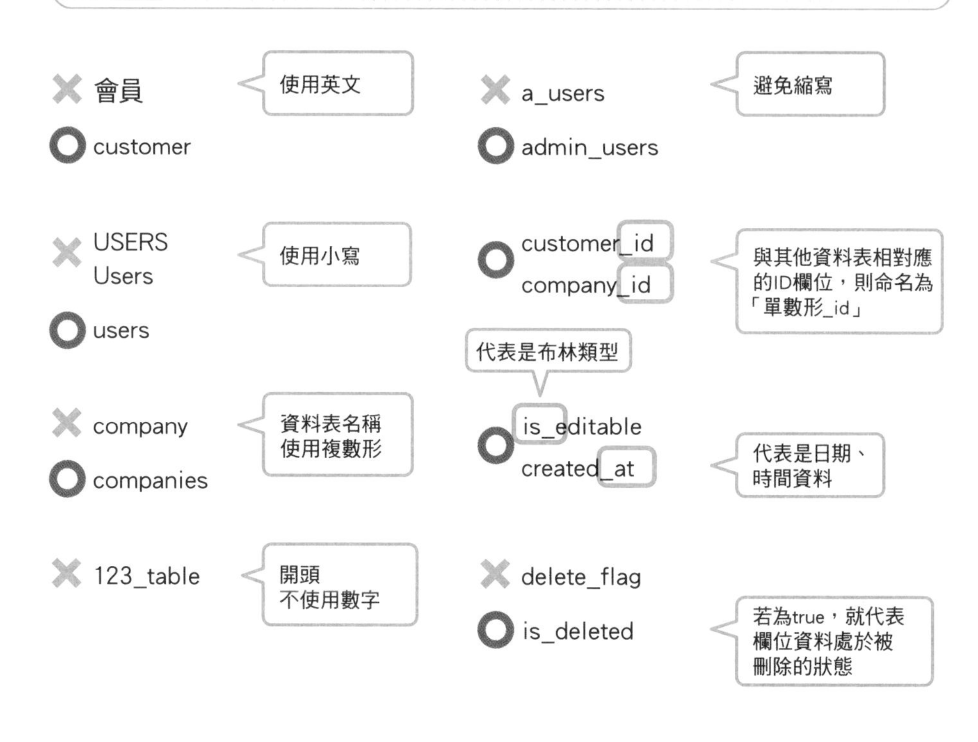

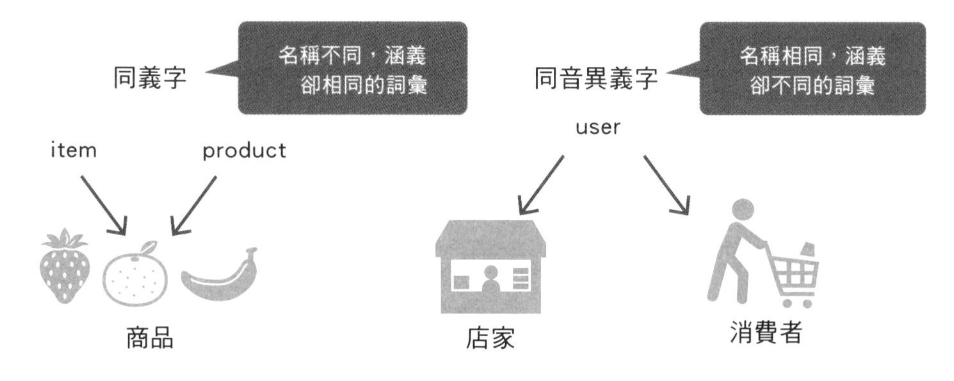

Point

- 資料表與欄位名稱的命名以英數字為主流。
- 命名時要先確定命名規則，予以統一。
- 命名的名稱要讓他人一看就能對欄位儲存值有所了解。

書籍評論網站資料表的設計範例①～完成後的系統概要～

書籍評論網站需要什麼功能？

假設我們要設計一個運用於書籍評論網站的資料表。**首先，要整理出需要的功能，掌握完成後的系統概要**。

以下是歸納需求的範例（圖 5-28）。

主要的功能

- 網站使用者必須建立帳戶
- 還沒有帳戶的使用者，可以前往註冊頁面建立
- 在書籍列表的頁面中，可以從最新登錄的書名依序查看
- 點擊書名後，可以前往書本詳細資料頁面
- 可以在書本詳細資料頁面將書籍加入我的最愛
- 加入至我的最愛後，可以前往我的最愛列表頁面查看
- 在書本詳細資料的頁面中，可以查看使用者寫下的評論
- 使用者可以新增自己的評論
- 點擊使用者名稱後，可以查看該名使用者的詳細資料

需要的頁面

- 登入
- 註冊新帳戶
- 書籍列表
- 我的最愛列表
- 書籍詳細資料與評論列表
- 使用者詳細資料
- 上傳評論

詳細的規格

- 書本、評論列表分別都以最新登錄、上傳的順序顯示
- 註冊會員時，使用者必須填寫使用者名稱、密碼，與自我介紹

圖5-28 書籍評論網站的概要

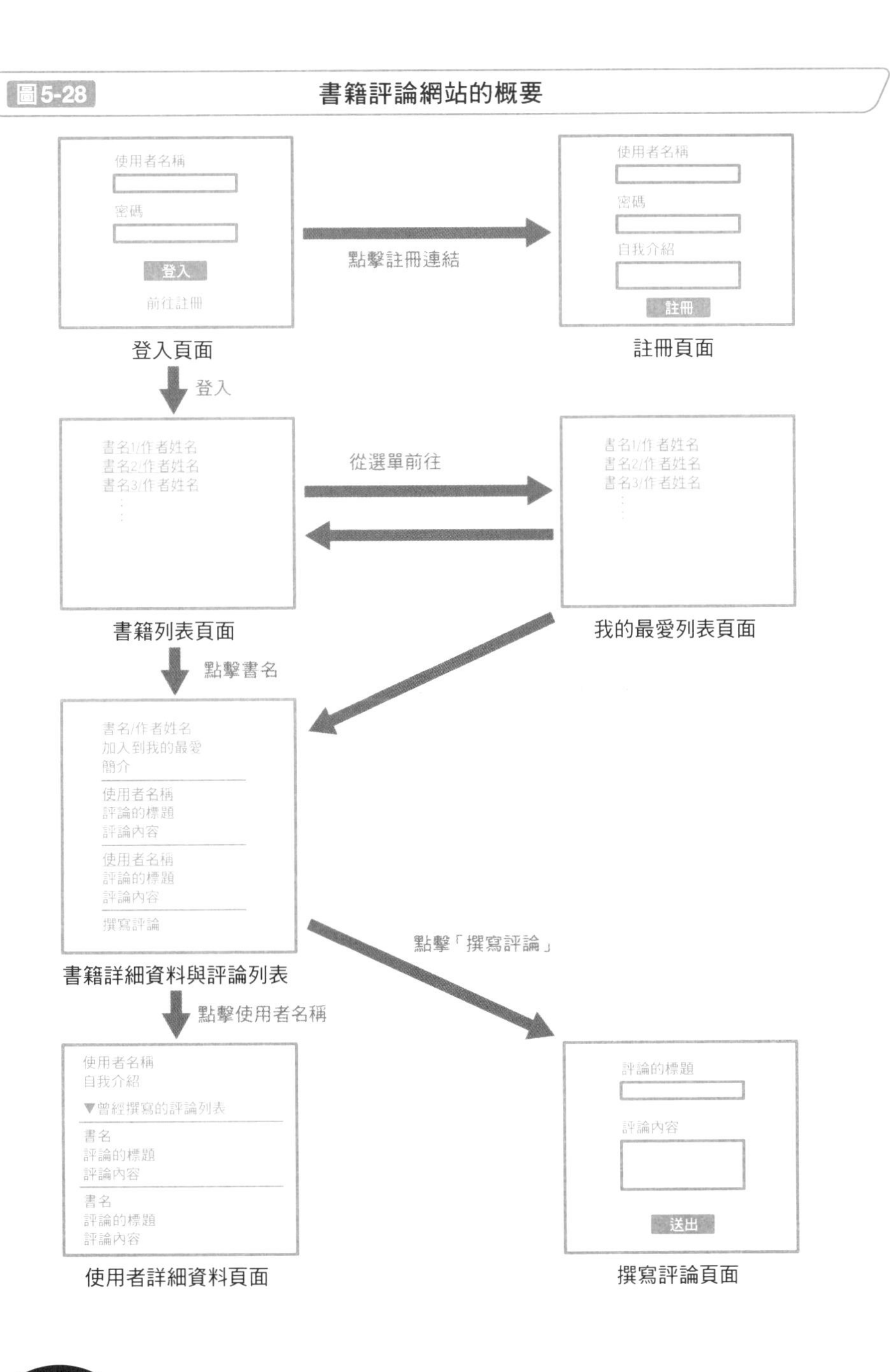

Point

- 設計資料庫時，首先要以文字和圖形歸納出需要的功能。
- 歸納的要件，要讓其他人看了也能夠掌握系統完成後的概要。

書籍評論網站資料表的設計範例②～掌握資料的關聯性～

書籍評論網站中的實體與屬性

為了釐清要儲存什麼資料到資料庫，接下來要以 **5-16** 所歸納出的需求來抽取實體與屬性，結果就如圖 5-29。

頁面上出現的人物與物品會被抽取為實體，這次的例子中，實體有「使用者」、「書籍」、「評論」，而屬性則是在附屬於實體的頁面上輸入或輸出的資料，例如使用者的屬性有註冊時輸入的使用者名稱與密碼，以及自我介紹的資料。另外，由於需要依照最新上傳順序在頁面上顯示書籍資訊，因此也需要將書本資料的上傳日期新增為書本的屬性，只要是**網頁功能會使用到的資料，都必須記錄為屬性**。

以 ER 模型呈現

將寫下來的實體與屬性呈現為 ER 模型，則如圖 5-30。由於一位使用者可以寫下多筆評論，因此「使用者」與「評論」會是一對多的關係。另外，一本書會有多筆評論，因此「書」與「評論」也是一對多的關係。我的最愛功能中，一位使用者可以加入多本書籍，一本書也會被多名使用者加入最愛，因此「使用者」與「書」會是多對多的關係。

建立 ER 模型，就可以一眼掌握實體與實體附帶的屬性，也能掌握關聯性，並且將這些資訊運用在資料表的設計。

為了能夠簡單地呈現 ER 模型，這次的圖中使用箭頭來表示關聯性，不過每種繪製方法的呈現方式不同，請多加留意。

圖5-29 抽取實體與屬性後的結果

實體	使用者	書籍	評論
屬性	使用者名稱	書名	評論書籍
	密碼	作者姓名	撰寫評論的使用者
	自我介紹	上傳日期	標題
			內容

圖5-30 建立 ER 模型後的結果

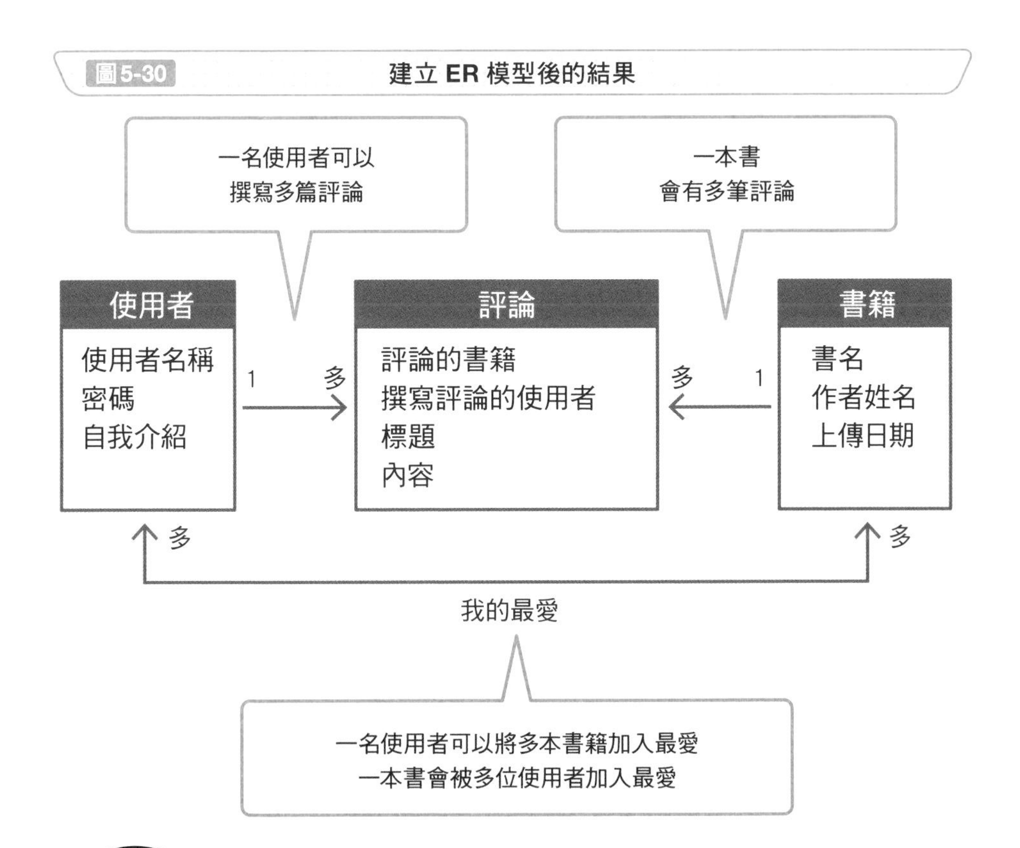

Point

- 依照歸納的需求抽取實體與屬性。
- 將系統中出現的人物與物品抽取為實體，並將附屬於實體的必要資料列為屬性。
- 以 ER 模型呈現後，就能一眼掌握實體、屬性及關聯性，並運用在資料表的設計。

書籍評論網站資料表的設計範例③ ～決定需要的資料表～

從 ER 模型思考資料表的設計

接著我們根據 **5-16** 所整理的需求以及 **5-17** 所製作的 ER 模型（圖 5-30）進行資料表定義，以決定需要的資料表與欄位，其過程就如同圖 5-31。

這次的例子幾乎就如同 ER 模型的內容，建立了使用者資料表、評論資料表與書籍資料表。必要時也可以執行正規化，評估是否切割資料表，而每個資料表也會設立辨識紀錄用的「id」欄。

另外，使用者與評論屬於一對多的關係，在「多」的這一端，也就是評論的資料表中則需要建立一欄「使用者 ID」，才能將兩資料表的紀錄相互連結。相同的，對書本與評論資料表建立連結時，也會在評論資料表中建立「書籍 ID」欄位。

以資料表呈現多對多的關係

除了圖 5-30 以外還會需要其他資料表。在圖 5-30 的 ER 模型中，我的最愛功能讓使用者與書本處於多對多的關係，若要將這樣的關係呈現為資料表，就要像圖 5-32 一樣新增我的最愛資料表。

在使用者與書籍資料表之間新增我的最愛資料表，**並在資料表中新增儲存兩資料表 ID 之欄位，就可以讓兩個資料表產生關聯**，而具有這種功能的資料表就稱為中間資料表。

這樣一來，就可以讓一位使用者與多本書籍，以及一本書籍與多位使用者產生關聯性，實現多對多的關係。

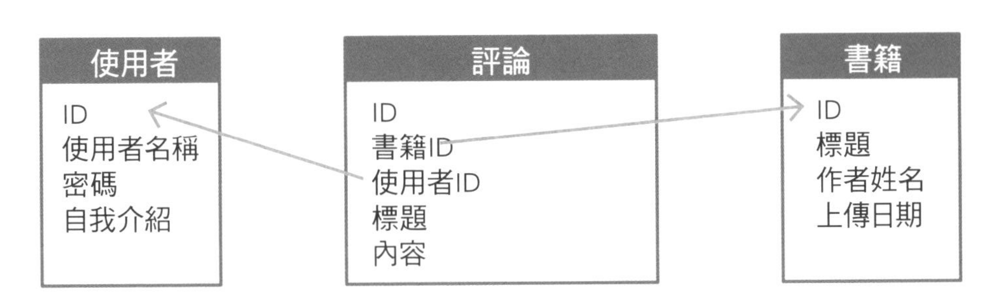

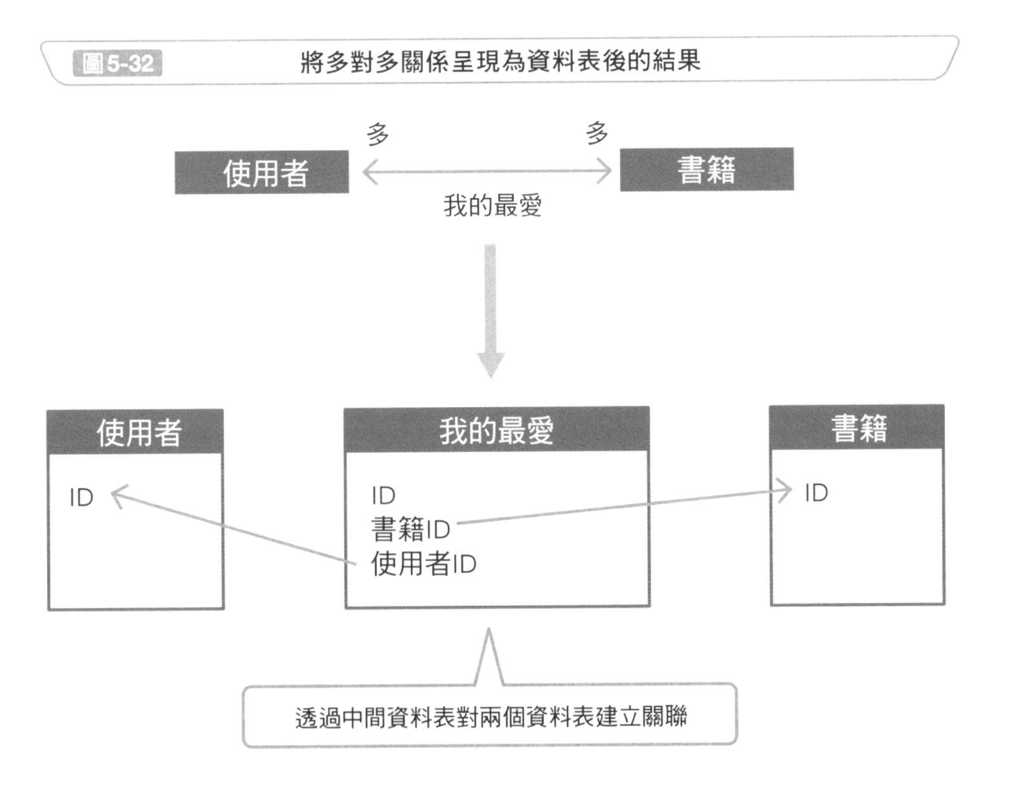

Point

- 依照所歸納的需求與 ER 模型決定需要的資料表與欄位。
- 必要時則執行正規化。
- 呈現多對多的關係時要使用中間資料表。

書籍評論網站資料表的設計範例④ ～設定資料表與欄位～

資料表與欄位設定、統一命名規則

確定需要的資料表與欄位後則如同 **5-14** 的說明，要設定每個欄位的資料類型、限制，與屬性。接著依照 **5-15** 的方式決定資料表與欄位的名稱，而結果就如圖 5-33。

為了不讓每個資料表中設置的「id」欄位值與其他紀錄有所重複，將其設為主鍵，並且採用自動連續編號。另外，用來與其他資料表建立關聯的 ID 儲存欄位則統一命名為「資料表名稱（單數形）_id」，並設為外鍵。而 books 資料表中儲存上傳日期的欄位則命名為「○○○ _at」，這樣一來，就能知道欄位所儲存的資料是日期。

活用資料庫設計的相關知識

到這裡，書籍評論網站的資料表已經設計完成，在這個例子中，為了讓設計流程順利進行，或是為了讓讀者能快速了解資料結構，我們分為幾個步驟來介紹設計的程序，不過，**設計小型的資料庫可能會把中間的步驟省略，熟悉流程之後，就算沒有特別察覺第一正規化形式、第二正規化形式等概念，也自然可以設計出正規化的資料表。**

本書所介紹的流程與圖形終究只是資料表設計方法的一種，掌握基礎之後，就可以依據專案的規模、建立的系統類型，以及自己的能力使用不同的設計方法。

圖5-33 資料表定義的結果

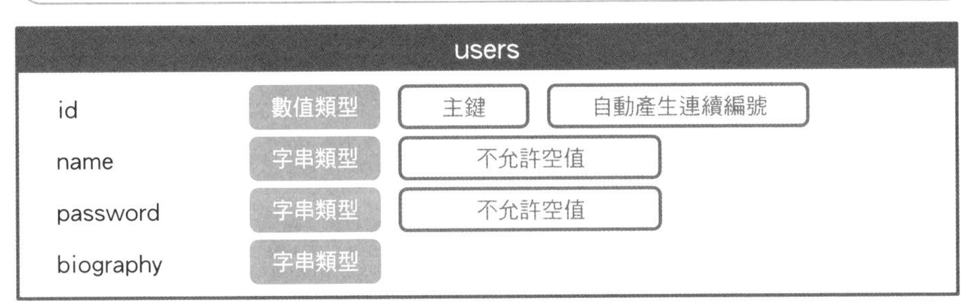

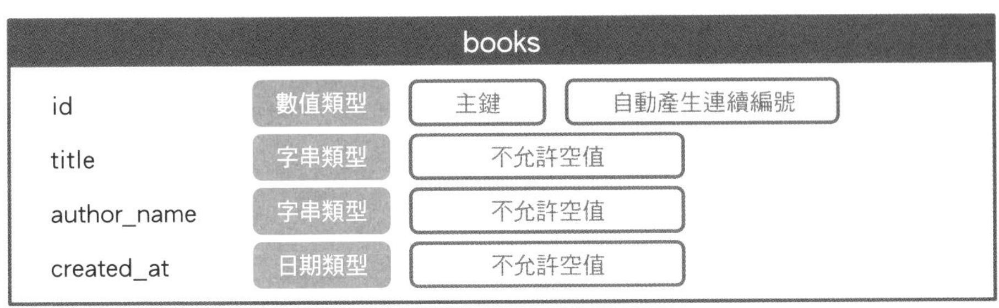

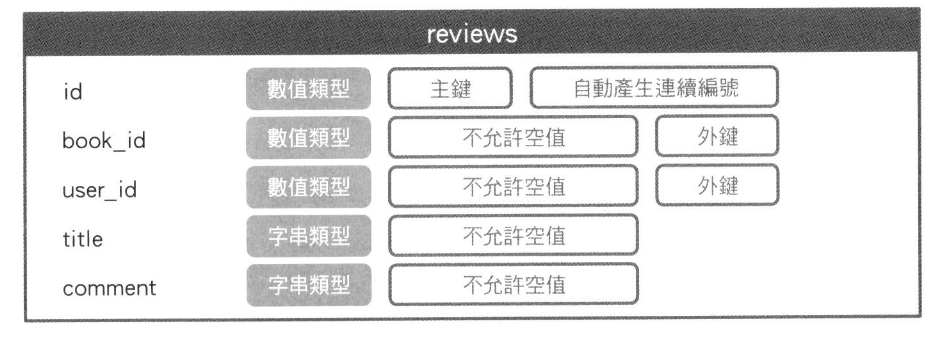

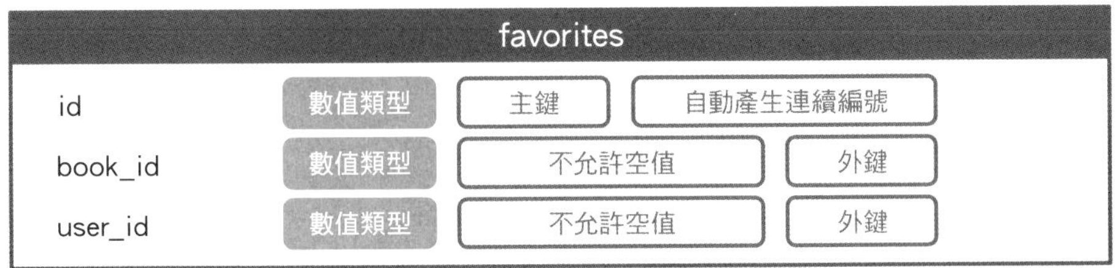

Point

- 確定需要的資料表與欄位後要設定欄位的資料類型、限制與屬性，以及決定資料表與欄位名稱。
- 依照專案的規模、建立的系統類型，以及自己的能力使用不同的設計方法。

小試身手

試著對資料庫執行正規化

下表為蛋糕店的預訂資料，讓我們試著將資料正規化，調整資料庫的結構，使用不同資料表將資料分開管理。

客戶姓名	客戶地址	配送日期	配送人員	配送人員電話	商品名稱	價格	訂購數量
山田	東京都澀谷區	10/1	遠藤	090-****-****	草莓奶油蛋糕	200	2
					起士蛋糕	250	1
					蒙布朗	300	1
鈴木	東京都新宿區	10/2	遠藤	090-****-****	起士蛋糕	250	3
					蒙布朗	300	2
山田	東京都澀谷區	10/5	佐佐木	080-****-****	草莓奶油蛋糕	200	3
					起士蛋糕	250	2
佐藤	東京都世田谷區	10/5	佐佐木	080-****-****	起士蛋糕	250	3

答案範例

訂單資料表

id	客戶id	配送日期	配送人員id
1	1	10/1	1
2	2	10/2	1
3	1	10/5	2
4	3	10/5	2

訂購商品資料表

訂單id	商品id	訂購數量
1	1	2
1	2	1
1	3	1
2	2	3
2	3	2
3	1	3
3	2	2
4	2	3

客戶資料表

id	客戶姓名	客戶地址
1	山田	東京都澀谷區
2	鈴木	東京都新宿區
3	佐藤	東京都世田谷區

商品資料表

id	商品名稱	價格
1	草莓奶油蛋糕	200
2	起士蛋糕	250
3	蒙布朗	300

配送人員資料表

id	配送人員	配送人員電話
1	遠藤	090-****-****
2	佐佐木	080-****-****

第6章

使用資料庫

～安全使用資料庫的注意事項～

放置資料庫的場所

要使用公司的設備還是外部系統？

資料庫的使用分為本地端與雲端兩種方式。

本地端是**使用公司設備架設並使用資料庫的方法**，透過在公司內設置伺服器與網路環境來建構系統。早期這種方式才是主流，後來為了與雲端有所區隔，才使用本地端這個說法。

而雲端則是**透過網路使用外部資料庫系統**的方法。雲端不必像本地端一樣在公司內配置設備，而是使用其他供應商事先準備好的系統（圖 6-1）。

成本與安全性的差異

本地端是在公司內部配置設備以使用資料庫，因此從選購機器、安裝，到故障排除等，所有必要的操作都必須自己執行，相當費工，而且導入設備時的採購費用、使用期間的電費與維護費用等各項費用加總，讓本地端的成本非常容易墊高。相對的，本地端比起雲端也更能自由進行客製化，可以依照需求彈性地變更系統。此外，由於公司內使用的系統不需要連接至外部環境，在安全性上也較為有利。

另一方面，雲端則是使用供應商所提供的系統，因此可以大幅簡化架設與使用資料庫的相關作業程序。由於不必自己配置設備，費用方面也是依使用量計算，因此能夠降低初期成本與使用成本。不過雲端是透過網路運作，因此必須將安全層面也列入考量，另外還有一個缺點是可能受限於供應商政策，無法滿足客製化的需求（圖 6-2）。

圖6-1 本地端與雲端的涵義

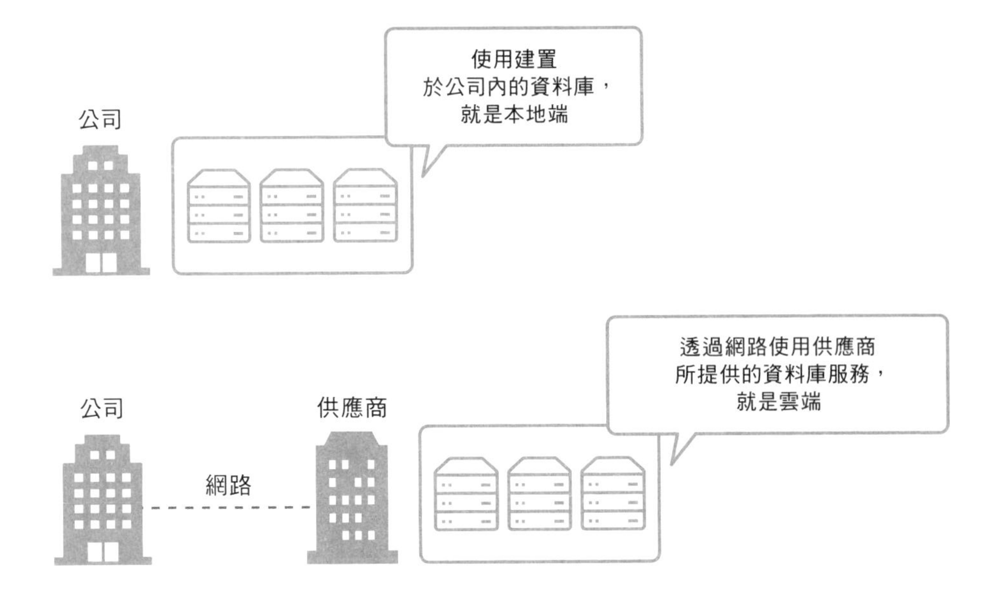

圖6-2 本地端與雲端的特徵

	本地端	雲端
費用	需要支出設備費用、電費、維護費用，容易導致費用高昂的情況	費用因供應商而異，有可能比本地端便宜
導入與使用的相關作業程序	全部都需要自己執行	有一定比例以上可以交由供應商執行
安全性	如果只在公司內部使用，並不與外部連結，則安全性高	使用網路環境讓危險程度相對提升
客製化的彈性程度	可依需求自由客製化	只能選擇供應商提供的方案

Point

✐本地端是公司自行配置設備以使用資料庫，雲端則是透過網路使用外部的資料庫系統。

✐本地端在導入與使用上費用較高，不過安全性與自由程度也高，雲端則是能以最簡易的流程與最小成本導入與使用資料庫。

公司自行管理資料庫伺服器的注意事項

本地端的注意事項

如果採用本地端的模式，那麼**導入、使用系統的所有相關程序都必須自行操作**。因此，為了防範 **7-1** 將提到的物理性威脅，必須留意以下列舉的注意事項（圖 6-3）。

❶為停電做準備

如果電源突然被切斷，系統就會完全停擺。為了避免這種情況，必須評估是否使用不斷電電源裝置（UPS）或在公司內設置緊急發電機。

❷防範外部攻擊

有心人士可能會看準作業系統與軟體的漏洞，透過病毒惡意存取與發動攻擊。因應對策有每天套用最新的更新程式與漏洞修補程式，或是評估導入防毒軟體。

❸估算成本

如為本地端，則導入與使用系統的相關程序都要由公司自行完成，因此很多情況下都可能產生支出。例如伺服器、軟體、授權的購買費用、維運技術人員的人事支出、維護安全性所產生的費用與電費、機器故障或老舊時的更換費用等，這些都必須事先納入考量。

圖6-3　本地端的風險與因應對策之範例

擬定電源相關的緊急因應措施

停電導致系統停止

套用最新的程式
與修補程式

外部的惡意攻擊

事先評估可能
產生的費用

支出費用的種類多元

Point

- 如為本地端，則導入、使用系統的所有作業程序都要自行處理，因此必須想好各種可能的風險並擬定對策。
- 使用系統時可能產生的風險有停電、災害、外部攻擊、資料遺竊等。

使用資料庫的相關費用

初期成本與維運成本

使用資料庫所產生的費用，可以簡單分類為初期成本與運行成本（圖 6-4）。

初期成本就是初期需要支出的費用，也就是**導入資料庫的費用**。設備購置費用，以及使用商業用資料庫與雲端服務時最開始需要支出的費用都屬於初期成本。

運行成本指的則是導入資料庫後**每個月的支出費用**。本地端的運行成本有電費，商業用資料庫的運行成本則有每個月支付給服務供應商的使用費，以及維護系統的人事費用等。

如果基於初期成本較低的理由來選擇資料庫與使用方式，之後可能會面臨運行成本增加，導致整體支出反而更高的情況，因此必須留意。

資料庫相關的各種支出範例

資料庫的使用方式與種類都會影響費用的多寡，因此無法一概而論，而以下介紹的是常見的支出範例（圖 6-5）。

- 本地端

  初期成本有伺服器與機櫃等設備購置費用，運行成本有電費與人事費用等。有時安全性與故障情況的因應措施也可能導致費用產生。

- 使用雲端服務

  有些服務是支付初期費用與每個月固定的使用費，也有些是以小時為單位，依照使用量計價。

- 使用商業用資料庫

  大部分需要支付授權費用與技術服務費用，不同的資料庫規模、使用人數、選配服務，價格與要求付費的時間各有不同。

圖6-4 初期成本與運行成本

圖6-5 資料庫相關費用範例

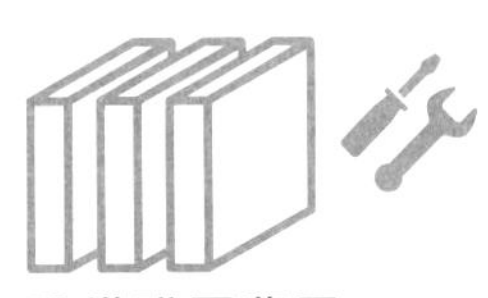

Point

- 初期成本是一開始導入資料庫的支出費用，運行成本則是導入資料庫後每個月的支出費用。
- 只根據初期成本選擇導入的資料庫，之後可能因為運行成本較高，導致整體費用更為高昂，因此必須留意。

設定使用者的存取範圍

設定使用者與權限

資料庫有個功能，是可以建立使用者，並且對使用者設定權限，規範使用者可以對資料庫執行哪些操作（圖 6-6）。

權限有很多種，除了建立／刪除資料庫、建立／編輯／刪除資料表、新增／編輯／刪除紀錄之外，也有與資料庫整體相關的系統操作權限。這些權限也可以**對整個資料庫、整份資料表，或整個欄位等指定範圍進行設定**。

有了這個功能，就可以規範資料庫的相關成員，讓成員無法執行不必要的操作。如果將所有權限開放給資料庫的所有相關成員，讓成員可以自由執行任何操作，則可能產生風險，例如對內容不熟悉的成員誤刪重要資料，或是讓不相關的人員看到機密資料。適當地設定權限，可以讓資料庫的管理更為安全。

設定權限的範例

假設由店員、職員、兼職人員等使用者管理店鋪的資料庫，權限設定的範例則如圖 6-7。這個範例中，店長可以執行所有的操作，職員則不能在資料表中新增紀錄，且對員工名單資料表也不具操作權限，而兼職人員則只能瀏覽商品資料表與銷售紀錄資料表。

透過這樣的方式，**規範各個使用者只能執行業務範圍內的必要操作**，有助於防止預期外的狀況發生。

圖6-6 對使用者分別設定權限

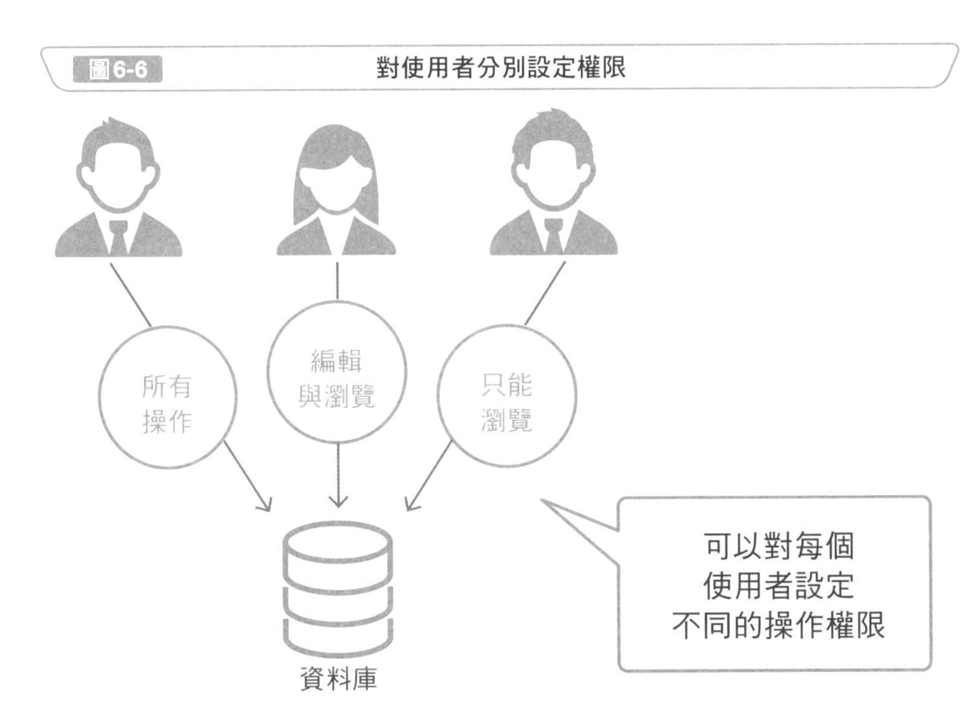

圖6-7 店鋪資料庫的權限設定範例

	店長	職員	兼職人員
商品資料表	新增、編輯、瀏覽	編輯、瀏覽	瀏覽
銷售紀錄資料表	新增、編輯、瀏覽	編輯、瀏覽	瀏覽
營收統計資料表	新增、編輯、瀏覽	編輯、瀏覽	—
員工名單資料表	新增、編輯、瀏覽	—	—

Point

- 可以對每個使用者分別設定資料庫的操作權限。
- 讓每個使用者只能執行必要的操作，就可以防止預期外的情況發生。

監控資料庫

監控資料庫

當資料庫發生異常或停止運作時，就必須中止會用到資料庫的業務與服務。**如果平時就監控資料庫，就能迅速發現問題並快速因應**。監控資料庫也可以讓我們早期發現發生問題的徵兆，在問題發生前就進行維護（圖 6-8）。

監控資料庫時，除了可以使用資料庫管理系統的標準內建功能外，也可以導入市售的監控工具，或是自己製作工具等。

各種監控項目

資料庫的監控項目列舉如下（圖 6-9）。

- 資料庫操作紀錄

  資料庫的管理員會記錄操作的時間與種類，這樣一來，發生問題時就可以從內部確認是否有對資料庫的惡意操作。

- 查詢日誌

  對資料庫執行 SQL 的紀錄就是日誌（query log）。保存紀錄，在解決故障問題時就可以派上用場。有些資料庫管理系統也會記錄 SQL 執行時間過久的慢查詢日誌（slow query log），以及將發生的錯誤輸出至錯誤日誌等。

- 伺服器的資源

  有時候設置有資料庫的伺服器也會發生問題，因此要確認 CPU 與記憶體、頻寬、可用的磁碟空間等資源是否有異常的狀況。

圖6-8 資料庫的監控

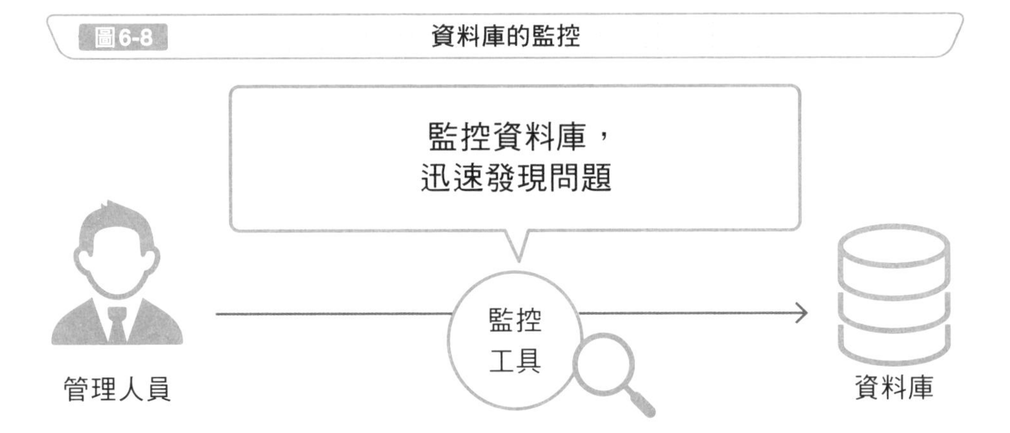

圖6-9 資料庫的監控項目範例

資料庫操作紀錄

使用者A變更〇〇的設定

使用者B存取資料庫

使用者B重新啟動資料庫

使用者C取得資料庫的備份資料

查詢日誌

```
SELECT * FROM items WHERE status = 2;
UPDATE items SET price = 300 WHERE id = 5;
SELECT COUNT(*) FROM users;
SELECT * FROM users WHERE status = 1;
```

伺服器的資源

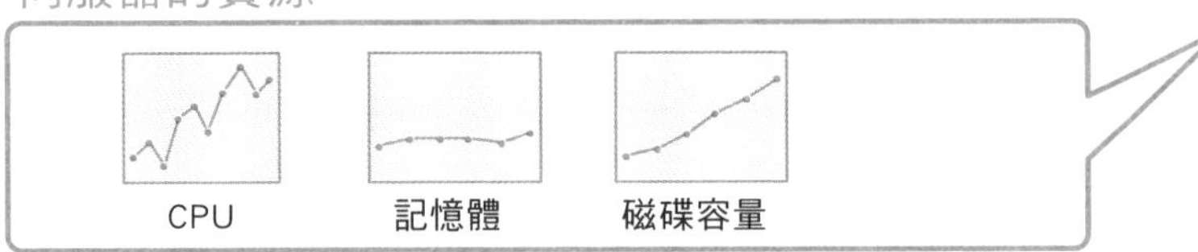

Point

- 監控資料庫可以讓我們迅速發現問題並快速因應。
- 監控資料庫時可以使用標準的功能與市售的監控工具等。

定期記錄當下的資料

備份以預防資料毀損

資料庫經常處在資料毀損的風險之下，例如操作邏輯的錯誤導致資料產生問題，或是操作錯誤導致資料消失等情況，在物理層面上，機器故障也會導致資料無法還原。為了預防這種情況發生而複製資料，就稱為備份，即使資料毀損，也可以**從備份檔案將資料還原**（圖 6-10）。

備份方式的種類

備份有以下方式（圖 6-11）。

- 全部備份

  對所有資料進行備份。透過備份，可以將資料完全還原至備份當下時間點的樣態。不過由於取得的資料量龐大，處理相當費時，系統的負載也會變重，若是時常需要備份，則較不適合使用這個方法。

- 差異備份

  在完成全部備份之後，只**對新增的變更部分進行備份**。還原資料時，會使用最開始的全部備份資料與最新的差異備份資料兩個檔案，由於只對變更的部分進行備份，處理的時間比較短，也不會對系統造成太大的負擔。

- 增量備份

  與差異備份的做法類似，只對全部備份後的變更內容進行備份，**差別在於備份時只會對前一次備份之後的變更部分執行**。雖然系統的負擔變得更小，不過還原資料時則會需要到還原當下為止的所有檔案，只要缺少一份檔案就無法還原。

圖6-10 備份的功用

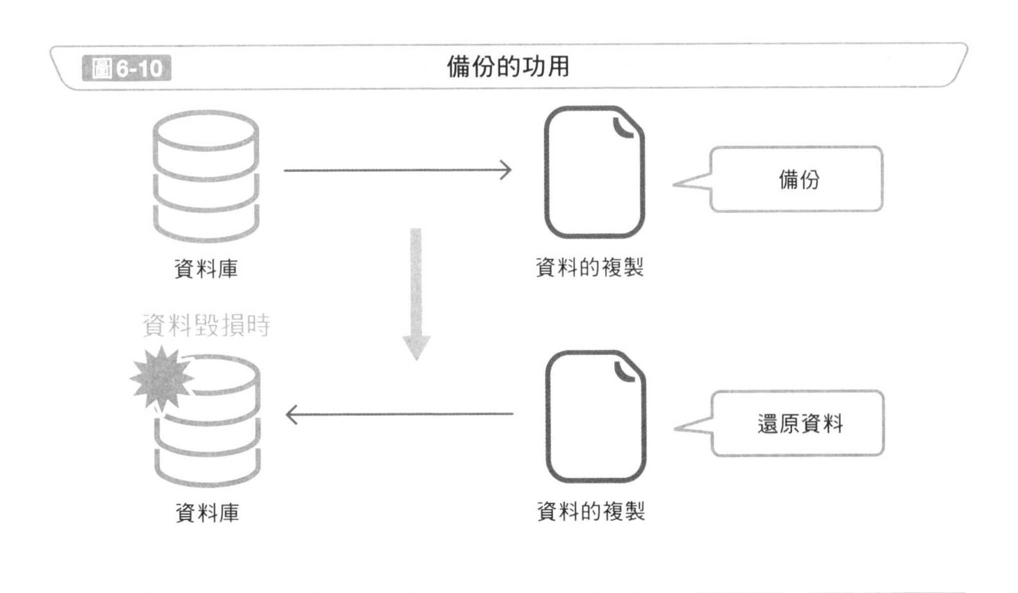

圖6-11 備份方式的種類

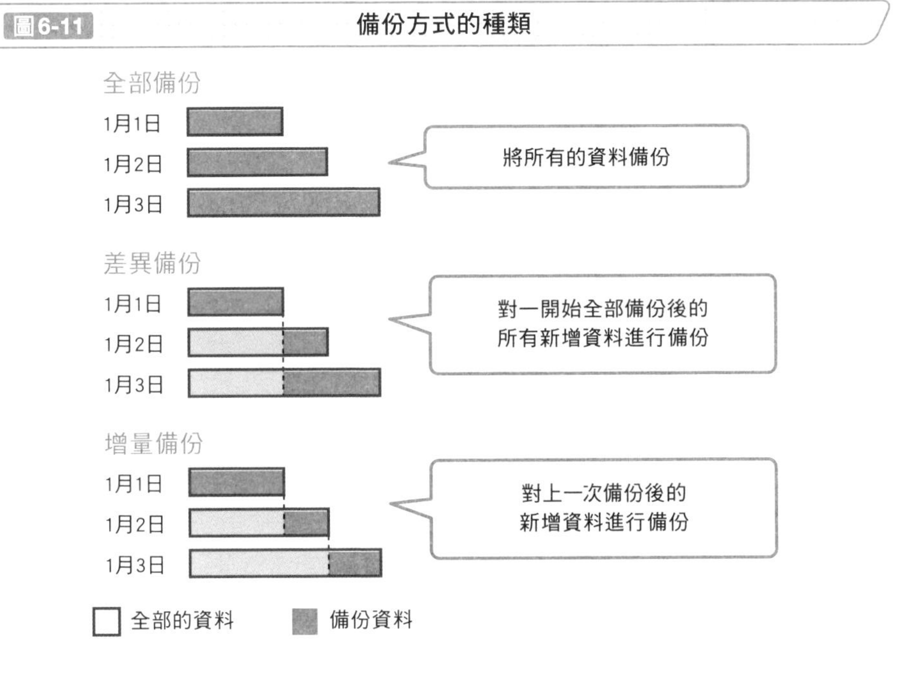

Point

- 為了預防資料毀損而複製資料，就稱為備份。
- 備份方式可以分為全部備份、差異備份，以及增量備份。

轉移資料

建立相同的資料庫

將資料庫的內容輸出，就稱為匯出。匯出後的檔案可以反映出資料庫的內容，使用這個檔案在別的資料庫執行還原操作，就可以建立一個與匯出資料庫相同內容的資料庫（圖 6-12）。

使用這個功能，**就可以建立一個與測試、開發環境相同的資料庫，或是將資料從舊的資料庫轉移到新的資料庫，也可以取得資料作為備份**。

匯出檔案的內容

匯出檔案的內容就像圖 6-13 一樣，列有一排排反映出資料庫內容的 SQL，例如建立資料表的「CREATE TABLE」與新增紀錄的「INSERT INTO」等指令，照著檔案內容執行指令，就可以建立一個與匯出資料庫相同內容的資料庫。

因此，想要建立一個與正式環境相同的測試用資料庫時，就可以編輯匯出檔案，將機密資料等不想放進測試資料的內容刪除或是替換為其他資料，再進行還原。

匯出的指令

資料庫管理系統通常會將匯出內建為標準功能，例如 MySQL 可以使用「mysqldump」指令，PostgreSQL 則可以使用「pg_dump」指令執行匯出。如果資料較多，執行時間可能會比較久。

圖6-12 使用匯出與還原建立相同內容的資料庫

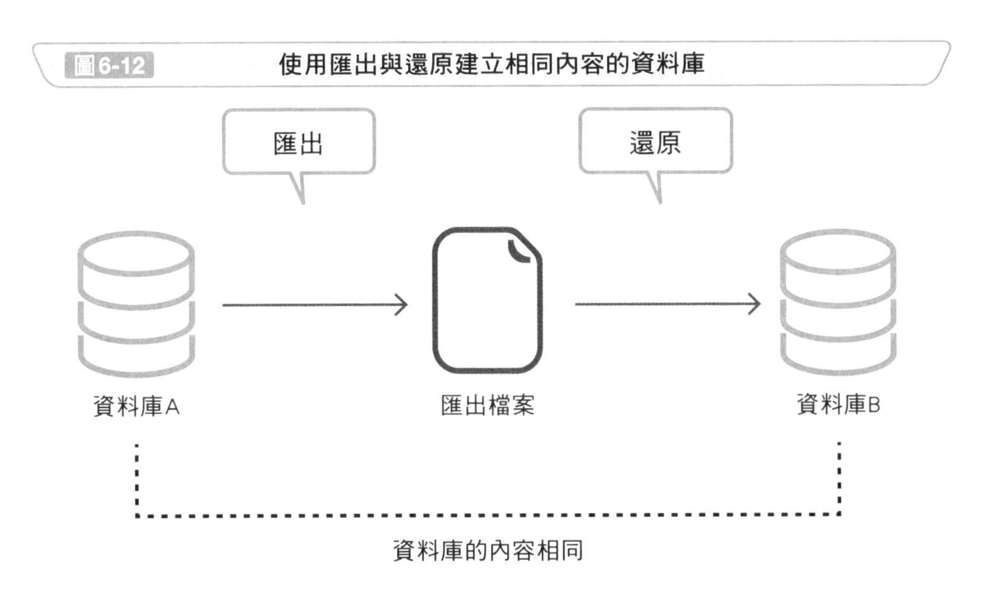

圖6-13 匯出檔案的範例

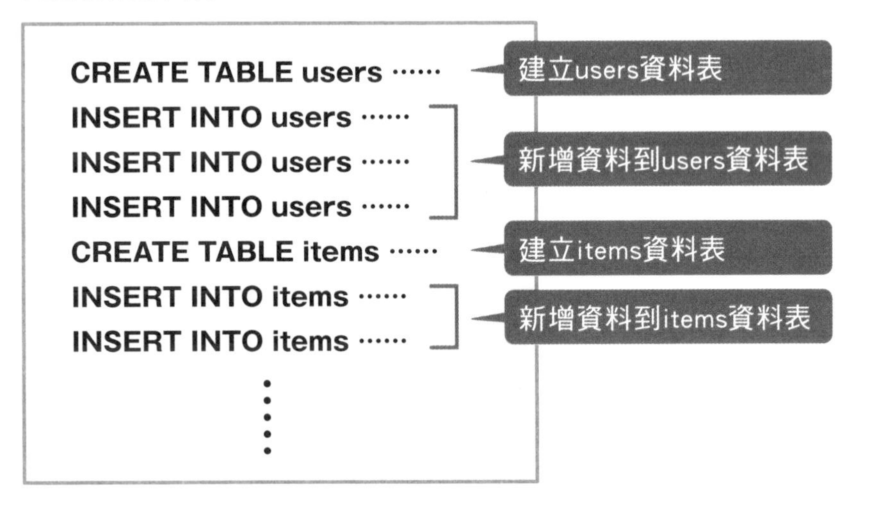

Point

- 將資料庫內容輸出到檔案就稱為匯出，從匯出檔案還原資料則稱為還原。
- 可以用來建立相同的資料庫、轉移資料，或是取得資料作為備份。

轉換並儲存機密資料

防止資料洩漏的加密

外部的惡意存取、內部的不當行為、竊盜與遺失等情況導致資料庫內部的機密資料流出等事件屢屢受到討論，要防止資料洩漏，其中一個必要措施就是將資料庫的資料加密。**加密是將資料轉換，讓別人無法讀取的一項技術**，例如將「東京都澀谷區」這筆地址資料加密，資料經過轉換再儲存，就無法從字面上了解涵義，這樣一來，即使從外部看到這筆資料也無法讀取內容（圖 6-14）。而加密後的資料可以透過特別的處理予以還原，這就是解密。

各種加密的方式

依照儲存資料時執行加密的時間點，可以區分為以下幾種加密方式（圖 6-15）。不同方式的應用範圍與執行方法各不相同。

❶透過應用程式加密

在儲存資料前透過應用程式加密並儲存的方式。由於資料是以加密的狀態儲存於資料庫中，因此取得資料時也是在加密的狀態之下取得，並且在應用程式端進行解密。

❷使用資料庫功能加密

許多資料庫管理系統都具備加密功能。由於儲存、取得資料時會於管理系統端進行加密、解密處理，因此在應用程式端就不需要再解密，相當方便。

❸透過儲存裝置的功能加密

使用資料儲存裝置與作業系統的功能，在將資料存進儲存裝置時自動加密。

圖6-14　加密與解密

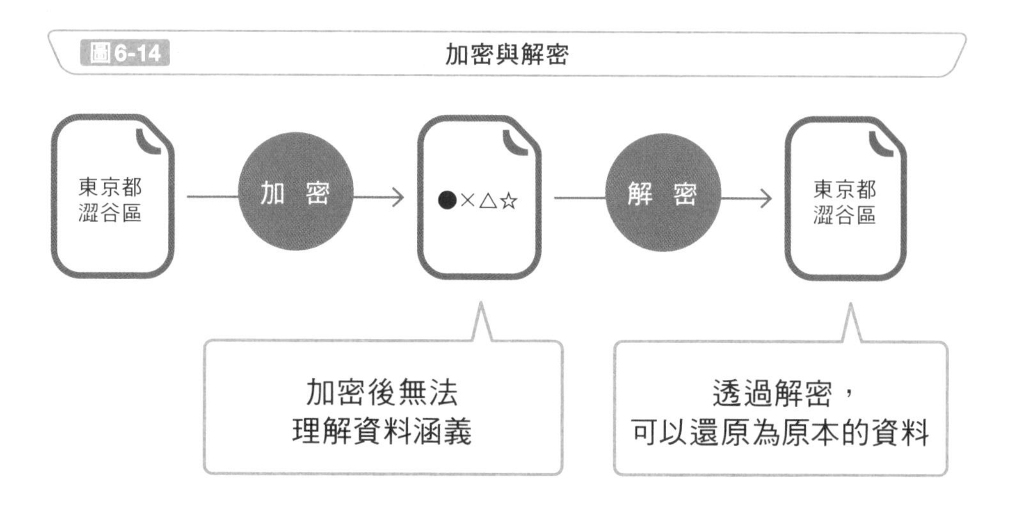

圖6-15　三個加密的時機

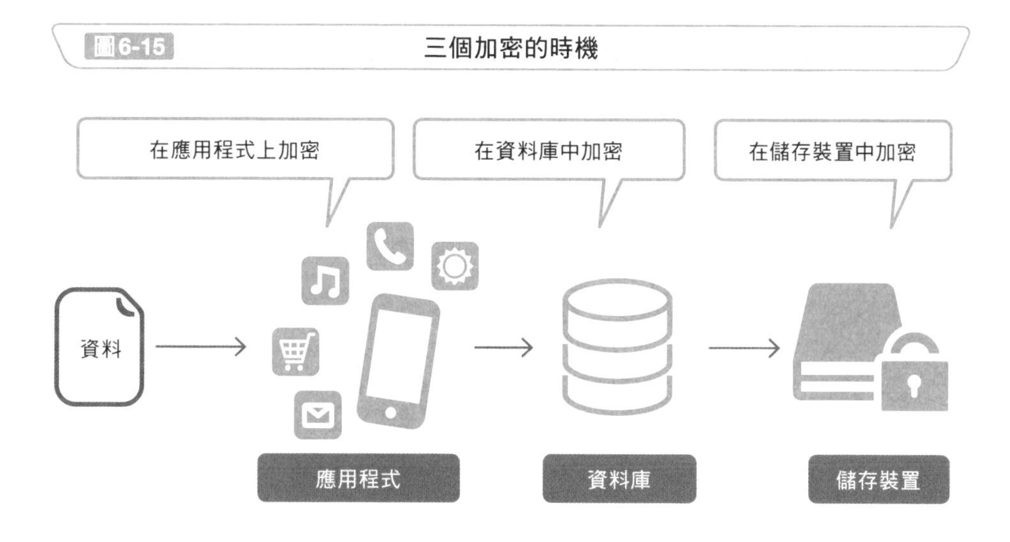

Point

- 轉換某筆資料讓他人無法讀取，就是加密，將經過加密的資料還原為原本的狀態，就稱為解密。
- 資料庫的加密可以分為在應用程式端執行、使用資料庫功能、以及使用儲存裝置功能等幾種方式。

升級作業系統與軟體的版本

版本升級的必要性

資料管理系統與作業系統等資料庫相關軟體持續都在改善與進步。版本升級可以**強化安全性與提升性能**，有時候也包含相當重要的更新。

如果不更新作業系統與其他軟體，持續使用老舊的版本，可能將無法使用最新的功能，無法與其他軟體搭配運作，或是無法得到充分的支援，導致問題產生時更難以處理。此外，若是設備老舊，無法滿足當下的系統需求，那麼可能連資料庫的伺服器都必須更換。

想要安全且順利地使用系統，我們就必須隨時留意系統使用的版本是否合適（圖 6-16）。

版本升級的流程

圖 6-17 為版本升級的概略流程，為了因應版本升級後發生問題而必須予以還原的情況，在 1 和 2 的步驟中會事先記錄環境資料。

如有需要，也可以預先準備相同的環境，透過事先確認版本升級流程以及在升級後檢查運作是否正常，讓升級的操作得以確實完成。

另外，確認版本升級後的運作是否正常時，要注意的有執行的 SQL 是否發生錯誤、SQL 的處理是否太過耗時，以及日誌與伺服器的資源有沒有出現問題等。

圖6-16 升級到最新版本

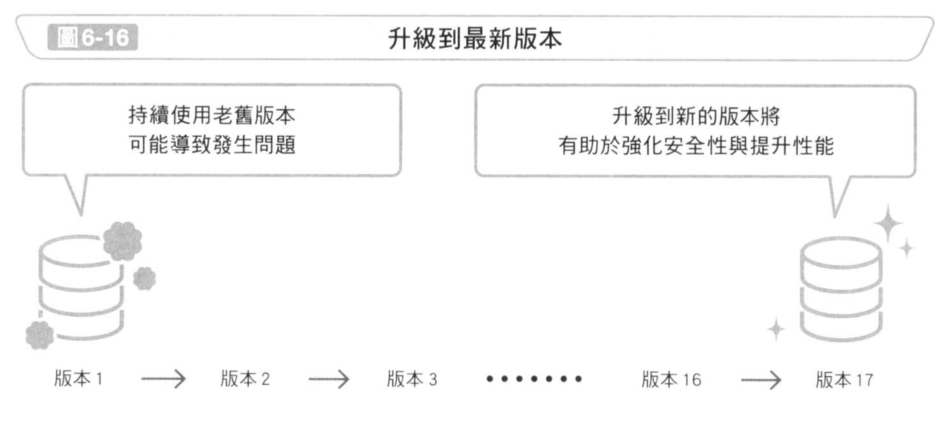

圖6-17 版本升級的流程

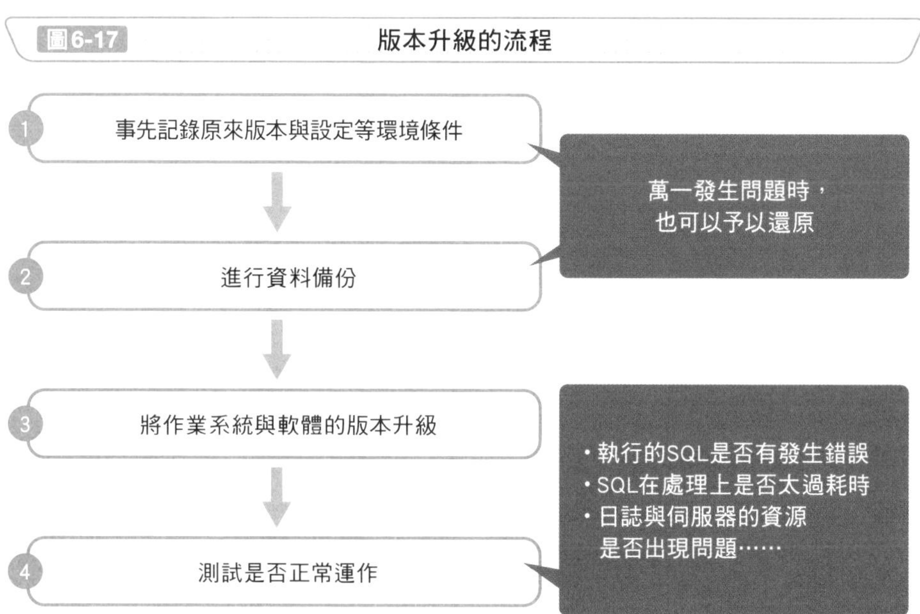

Point

- 由於版本升級可以強化安全性與提升性能，因此必須隨時留意資料庫管理系統與作業系統的版本是否需要升級。
- 版本升級時可能會發生問題，為了因應這種情況，要先取得備份並確認版本升級後的運作情況。

小試身手

試著查詢有哪些資料庫服務

試著去瞭解看看市場上有哪些資料庫服務。了解不同服務的資料庫種類、收費方式，以及支援哪些功能。

服務名稱：

資料庫的種類、收費方式、支援的功能

-
-

服務名稱：

資料庫的種類、收費方式、支援的功能

-
-

服務名稱：

資料庫的種類、收費方式、支援的功能

-
-

資料庫的服務有很多，不同服務的資料庫管理系統可以區分為各式種類。另外，收費方式也分為每月計費和以量計價，選擇適合自己的服務將有助於降低費用。有些系統也具備安全性相關功能，例如備份與監控等，選擇服務時，這些資料庫的周邊功能也應該列入考量。

第7章

保護資料庫的相關知識

～問題與安全性措施～

對系統帶來不良影響的問題①～物理性威脅的例子與因應措施～

物理性威脅帶來的故障風險

物理性的威脅 是導致系統發生問題的原因之一，指的是在物理層面上造成損失的原因。

具體上就如 6-2 所述，**地震與洪水、雷擊等自然災害、非法入侵導致機器遭盜或故障的風險、機器因老舊而故障的風險** ，這些都可以歸類為物理性的威脅（圖 7-1）。

物理性威脅的例子

接下來將介紹幾個物理性威脅的例子（圖 7-2）。

❶自然災害

地震與洪水導致機器傾倒、浸水而因此故障的風險。另外，雷擊也可能導致斷電問題。為了預防這些突發情況，必須採取防傾倒、掉落等耐震措施、事先在遠端進行備份，以及設置 UPS（不斷電系統）與自用發電裝置以預防停電與瞬間停電

❷竊盜

非法入侵可能導致機器遭盜或故障，因此需要實施預防犯罪的措施，例如將放置機器的空間與機櫃上鎖，以及實施門禁管理。

❸機器老舊

長期使用的機器可能會因為老舊而故障。

為了預防突然故障的情況，可以事先取得備份，或是設置備援裝置，以冗餘的模式運作。

圖7-1 物理性威脅是什麼？

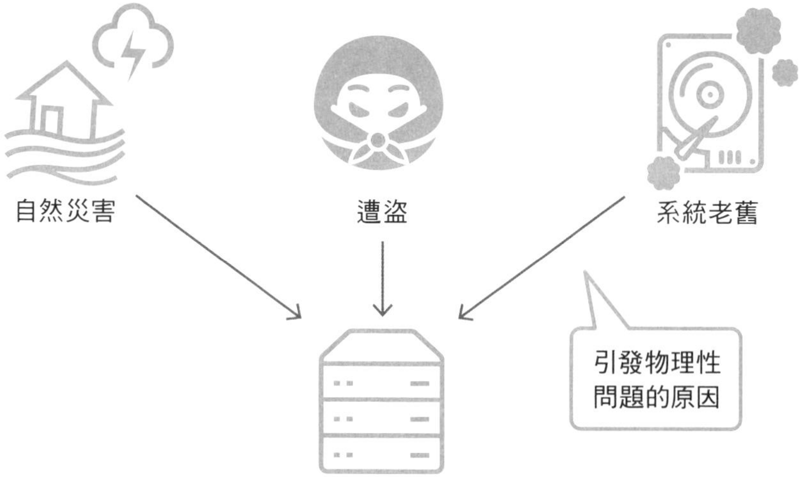

自然災害

遭盜

系統老舊

引發物理性問題的原因

圖7-2 物理性威脅的例子與因應措施的範例

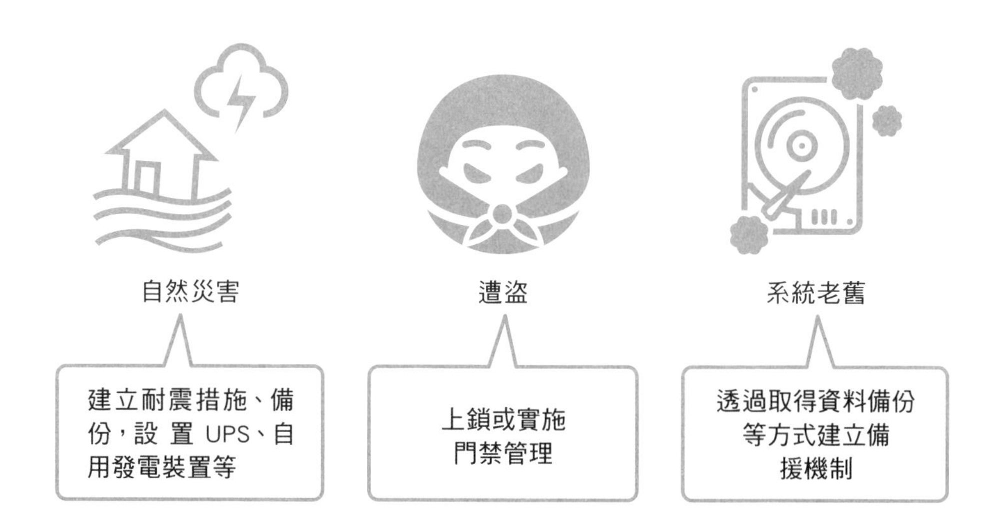

Point

- 物理層面上造成損失的原因，就稱為物理性威脅。
- 物理性威脅的例子有自然災害導致機器毀損與故障、非法入侵導致機器遭盜，或是系統老舊導致機器故障等。

對系統帶來不良影響的問題②～技術性威脅的例子與因應措施～

攻擊程式的漏洞

導致系統發生問題的原因中，技術性威脅 指的是 **透過程式與網路發起的攻擊**（圖 7-3）。這些攻擊包含未經授權的存取與電腦病毒、DoS 攻擊、竊聽等，很多案例都是針對程式的漏洞發起攻擊，在資料庫的領域中經常提到的例子有 SQL 注入（參考 **7-10**）。

為了因應這些攻擊，我們必須評估相關措施，例如導入病毒軟體、升級作業系統與軟體的版本、進行存取控制與身分認證設定，以及對資料進行加密等。

技術性威脅的例子

接下來將解說幾個技術性威脅的例子（圖 7-4）。

❶未經授權的存取

指的是不具存取權限，卻藉由網路非法入侵伺服器與系統的行為。

❷電腦病毒

基於惡意所製作的程式，企圖導致他人損失。中毒後可能會導致資料遭盜、電腦運作異常，或是伺服器被入侵，必須留意。

❸DoS 攻擊

是一種透過大量傳送資料以增加伺服器負載的攻擊。網站有時候也會因為太多人同時存取而無法連上，不過 DoS 攻擊是刻意營造這種情況來發動攻擊。

❹竊聽

竊聽是以非法的方式盜取網路傳送資料，可能會導致資料洩漏。

圖7-3 技術性威脅是什麼？

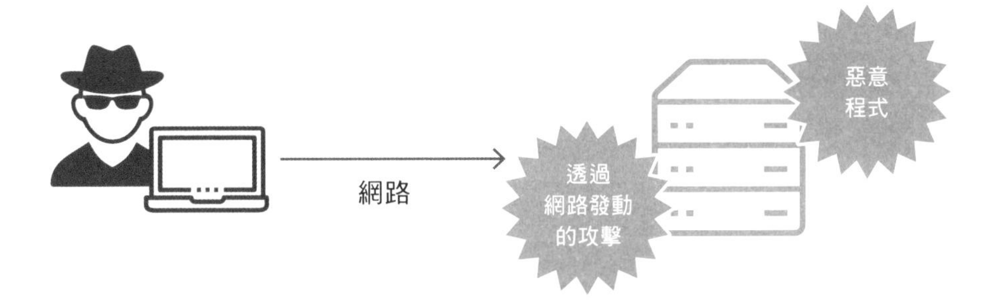

圖7-4 技術性威脅的例子

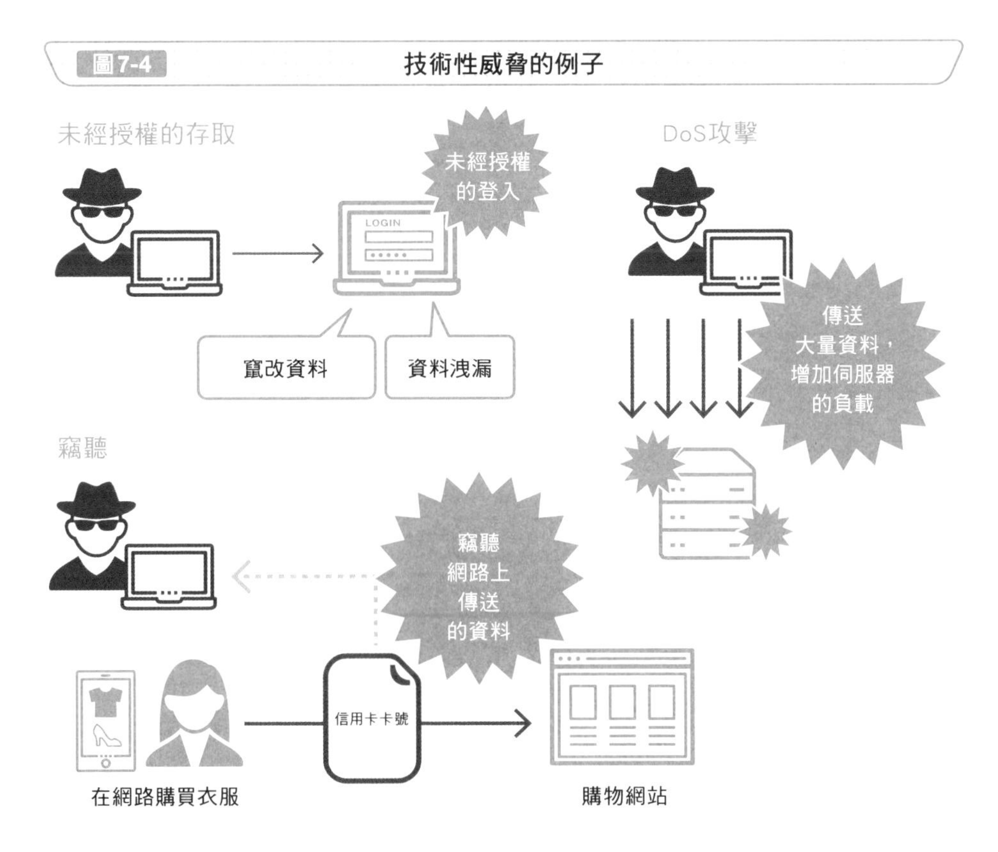

Point

✐引發系統問題的原因中，透過程式與網路發動的攻擊就稱為技術性威脅。

✐技術性威脅的例子包含未經授權的存取、電腦病毒、DoS 攻擊、竊聽等。

對系統帶來不良影響的問題③ ～人為威脅的例子與因應措施～

人為錯誤難以預防

因為人為錯誤與惡意行為所造成的損失，稱為 人為威脅（圖 7-5）。具體的例子有 **操作錯誤、遺失與遺落、社交工程** 等。組織中的人為威脅特別多，同時也難以預防，因此，每個人都需要了解並避免可能產生的風險，組織也要制定資料安全性的相關規範並提供完整的教育訓練。

人為威脅的例子

接下來將解說幾個人為威脅的例子（圖 7-6）。

❶操作錯誤

有些情況是由於知識不足或沒有仔細確認導致操作錯誤。例如不小心將公司內部的機密資料傳送到外部的電子郵件信箱、誤刪重要資料，或者因為軟體設定錯誤而導致異常運作。

❷遺失與遺落

若裝著筆記型電腦等資訊裝置的公事包掉在電車與公車上，又被有心人士撿走，就有可能導致資料洩漏。

❸社交工程

社交工程是抓住人類心理與行動上的弱點，藉此獲取重要資料的一種手段。例如，在電話中偽裝身分試圖問出密碼，或是佯裝事態緊急，不給對方時間思考，藉此獲取平時難以取得的資訊。其他手法還有從背後偷看別人輸入密碼，或是翻找丟棄於垃圾桶中的文件，以盜取系統資料。

圖7-5　人為威脅是什麼？

圖7-6　人為威脅的例子

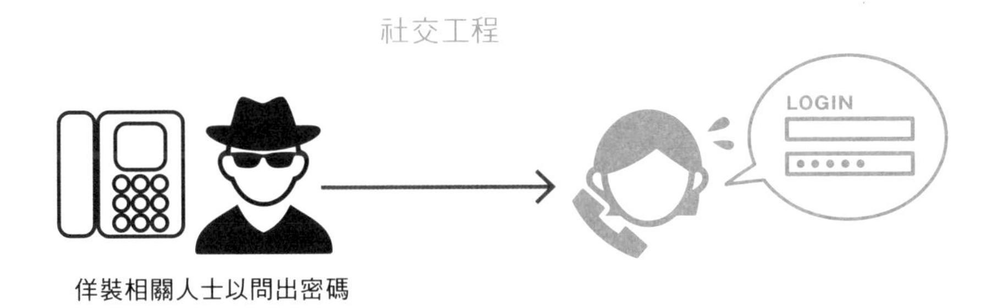

Point

- 因為人為錯誤與惡意行為而造成損失，就稱作人為威脅。
- 人為威脅的例子有錯誤操作、遺失、遺落，以及社交工程等。

錯誤發生的紀錄

確認錯誤的紀錄

取得資料庫錯誤發生紀錄的方法之一，是查看 錯誤日誌 。不過，日誌的名稱與操作方式會因資料庫管理系統而異。

錯誤日誌是記錄錯誤狀況的檔案。 **每當資料庫中發生錯誤，就會新增紀錄到檔案裡**（圖 7-7），因此，除了最新的錯誤之外，也可以透過時間序列往回查看過去的錯誤內容。

錯誤日誌記錄了資料庫在使用期間的重要警告與異常訊息，這對資料庫的日常監控來説也非常重要。發生問題時，錯誤日誌可以提供解決問題的線索，請求協助時，錯誤訊息也是相當重要的資訊。

錯誤日誌的例子

錯誤日誌的輸入範例就如圖 7-8。輸出到錯誤日誌的資料包含 **錯誤的發生日期、錯誤代碼、錯誤訊息、錯誤等級** 等，為了方便讀者理解，圖中使用中文書寫，但錯誤日誌其實大部分是以英語輸出。

錯誤等級將錯誤依緊急程度分類，同樣都是錯誤，有些屬於重大異常，有些則必須留意但不必馬上處理。為了予以區別，有些資料庫管理系統會將錯誤分類為不同的等級。

有時候日誌的紀錄量龐大，經常以目視的方式確認所有資料相當辛苦，因此較常見的方式是採用監控工具或程式，或是只有發生問題時，系統才會以工作用電子郵件與企業通訊軟體等方式通知。

圖7-7 每當發生錯誤就會新增紀錄

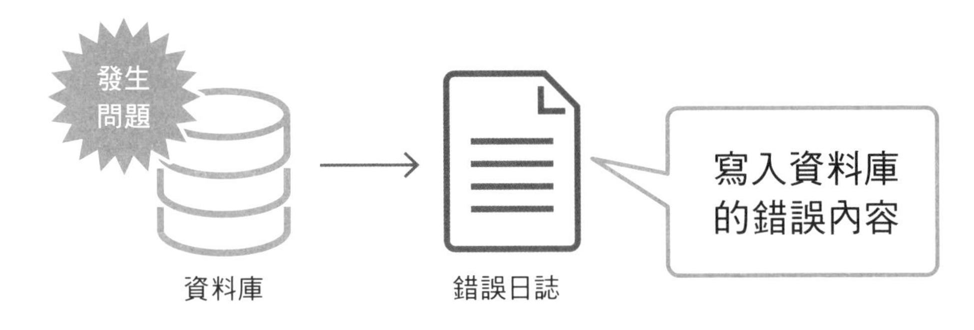

圖7-8 錯誤日誌的輸出範例

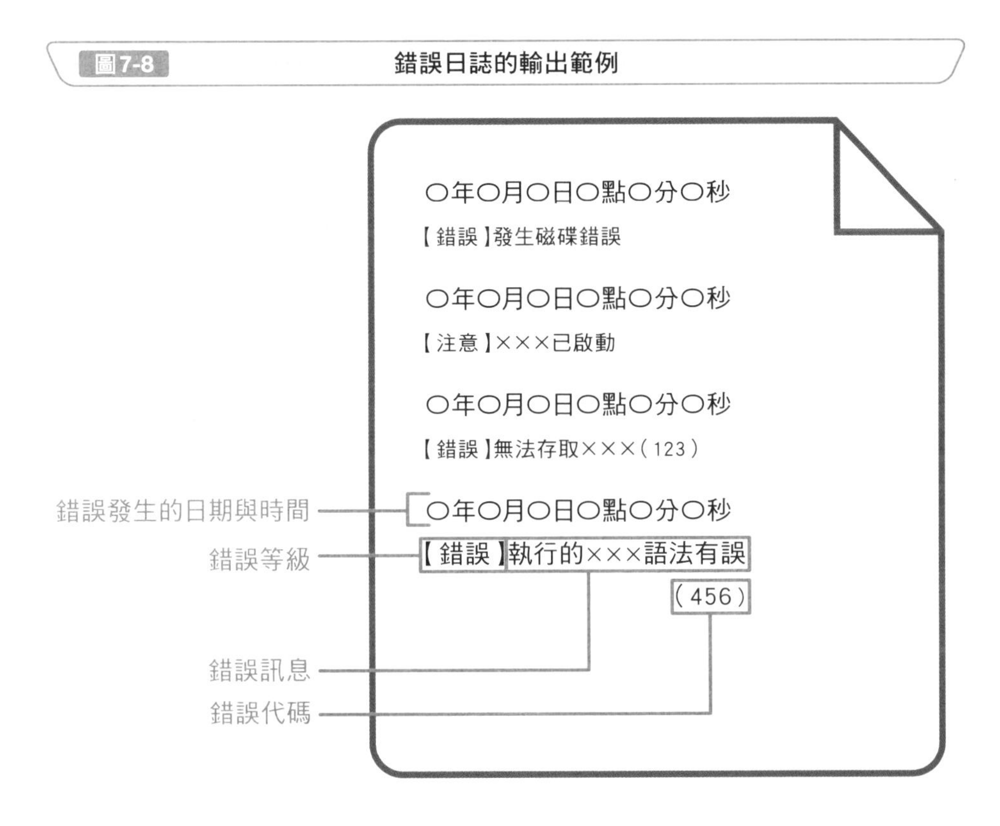

Point

- 錯誤日誌的用途是查詢資料庫發生的錯誤紀錄。
- 錯誤日誌會記錄錯誤日期與時間、錯誤代碼、錯誤訊息、錯誤等級等內容。

錯誤的種類與對策

不同的錯誤種類

資料庫中有許多不同的錯誤種類，具代表性的有 SQL 的 語法錯誤 。如果在資料庫中執行的 SQL 語法有誤，就會發生問題。指定的資料表名稱與欄位名稱不存在時，也一樣會發生錯誤。

常見的例子還有資源不足，若是記憶體與磁碟容量不足，就無法執行所需要的處理，進而導致錯誤的發生。

除此之外還有各種錯誤，例如無法存取資料庫、發生死結（參考 **4-17**）、逾時等（圖 7-9）。

錯誤的解決方法

為了維持資料庫的順利運作，發生錯誤時，必須 **查看錯誤日誌與監控資料並試著解決問題** 。我們通常能從錯誤訊息找出解決的方法，如果是英文的錯誤訊息，請試著理解訊息表達的意思。如果發現訊息指出磁碟空間不足，就將不需要的檔案刪除以釋出空間，或是增加磁碟的容量。如果是 SQL 的語法有誤，就查詢執行 SQL 的程式，修正語法有誤的部分。

有時候，在網路上搜尋錯誤訊息，會找到曾經有同樣困擾的人所整理的解決方案。另外，也可以查詢書本與官方說明文件，若是公司團隊曾經發生相同的情況，也可以參考以前的做法（圖 7-10）。

圖7-9　錯誤的種類

SQL的語法有誤

```
SE R ECT * FROM users;
   ↓
   L
```

資源不足

無法存取資料庫

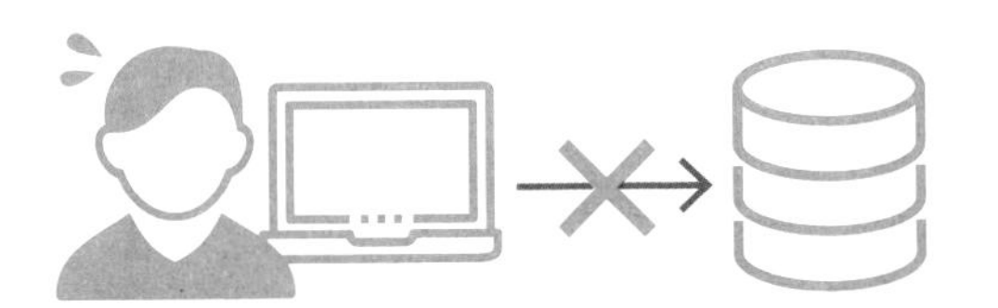

死結與逾時

圖7-10　解決錯誤的方法

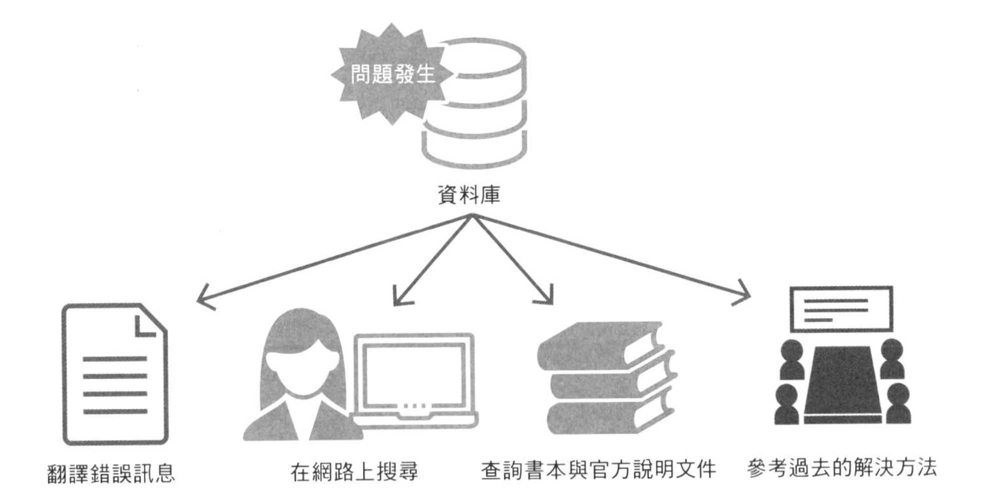

Point

- 資料庫的錯誤包含 SQL 語法錯誤、資源不足、存取錯誤、發生死結、逾時等。
- 錯誤發生時，可以翻譯錯誤訊息，查詢網路、書本與官方文件等資料，或是參考團隊過去的解決方式。

執行時間較久的 SQL

慢查詢的紀錄

資料庫的優點是可以從龐大的資料量中迅速取得需要的資訊，但有時因為資料的取得方式、資料表的設計，還有資料量增加等因素，會導致執行時間變長，這種 **執行時間較久的 SQL 語句** ，就稱為 慢查詢（圖 7-11）。

量測 SQL 從執行到回傳結果的所需時間，就可以找出慢查詢，但要每筆逐一確認會是一項大工程，因此，有些資料庫管理系統會將慢查詢與執行時間記錄到日誌裡，或是使用工具將慢查詢列為清單，以供檢視。

慢查詢導致的問題

如果不理會慢查詢，會導致統計資料等操作的執行時間過久、使用資料庫的網站在顯示網頁時速度變慢，或是造成伺服器的負載過大（圖 7-12）。如果慢查詢已經導致資料庫的使用問題，就必須進行調校。

慢查詢的最佳化

改善慢查詢有幾種方法，其中一種是修正 SQL 語句。修正查詢的語句，改變資料的取得方法，就有可能在更快的時間內取得相同結果。另外，對資料表建立索引（參考 **7-7**）也是一個有效的方式。

使用資料庫管理系統的功能找出慢查詢時，通常可以透過設定篩選出執行時間超過指定秒數的查詢。從執行時間明顯較久的查詢開始最佳化，逐一減少秒數，就可以有效率地完成調校。

圖7-11　執行時間過久

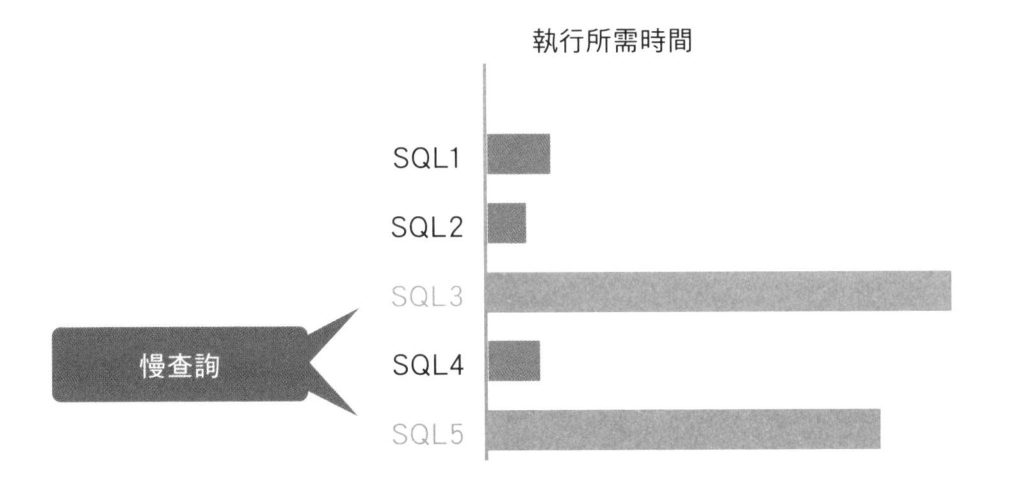

圖7-12　慢查詢導致的問題

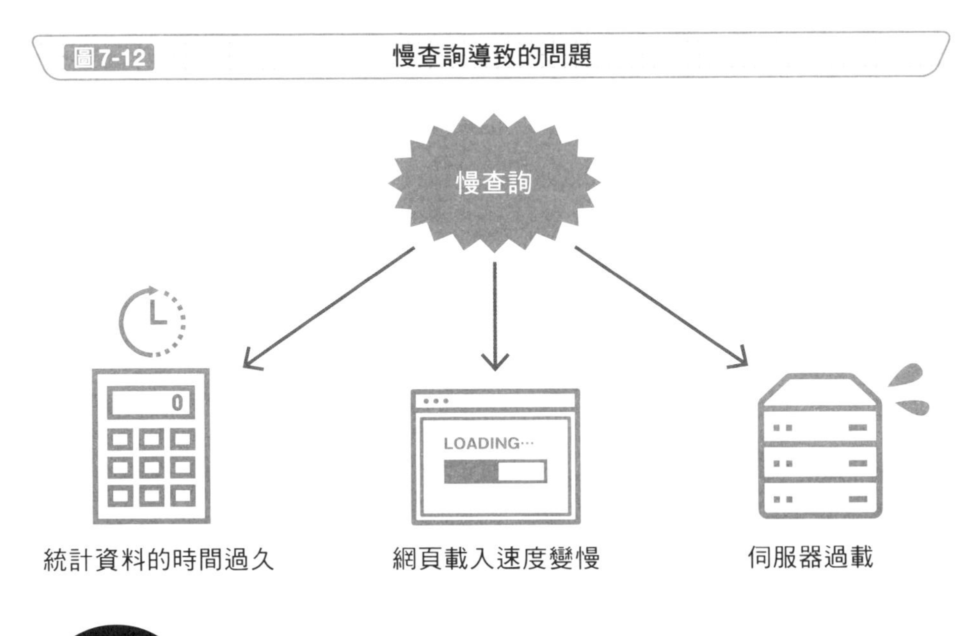

Point

- 執行時間過久的 SQL 語句稱為慢查詢。
- 慢查詢會導致統計資料與顯示頁面的時間延遲，或導致伺服器的負載增加。
- 可以透過修正 SQL 語句和使用索引改善慢查詢。

縮短取得資料的時間

提升取得資料的效率

資料庫存有大量資料時，取得所需資料可能會花上許多時間，這時候可以建立 索引 ，縮短資料取得的時間。

索引與 **書籍的索引概念相似** ，想查詢書中某一頁的內容時，一頁一頁翻找相當費時，如果參考索引，就可以更快找到需要的頁面（圖 7-13）。在資料庫中則可以對經常指定為搜尋條件的欄位建立索引，以提升取得資料的效率。

適合使用索引的情況

一般來說，建立索引的對象是常用於連接資料表以及設定為查詢與排序條件的欄位。特別是 **從大量資料中篩選指定資料，以及欄位儲存值種類較多的情況** 下，索引更能發揮它的功效。相反的，若是欄位資料量較少，或是像性別這種儲存值種類較少的欄位，即使建立索引也難以發揮效用（圖 7-14）。

索引的缺點

建立索引後，每次編輯資料時也必須執行索引更新的處理，因此會導致資料的編輯速度下降。如果是經常需要上傳大量資料的資料表，建立索引時就必須考量到這一點。

另外，索引會**佔用額外的儲存空間**，因此消耗磁碟空間也是使用索引的缺點之一。

圖7-13 索引的概念

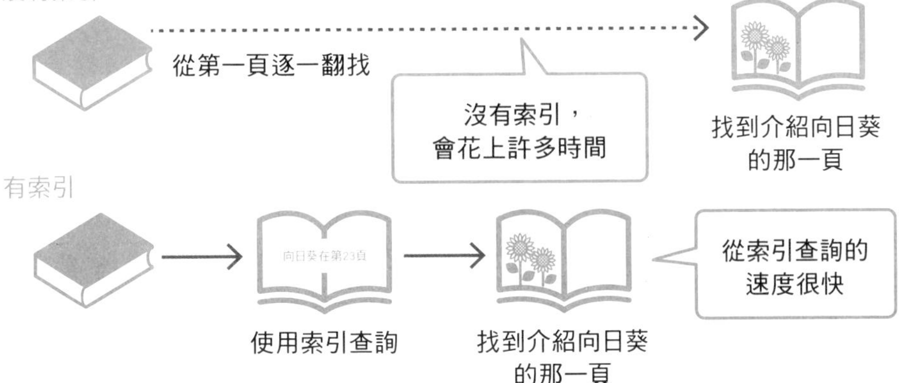

圖7-14 適合使用索引的範例

指令

```
SELECT * FROM users WHERE name =' 山田' ORDER BY age
```

users資料表

name	age	gender
山田	21	man
佐藤	36	man
鈴木	30	woman
田中	18	man

對經常設定為查詢與排序條件的欄位建立索引

資料量越多，越能發揮索引的效果

像姓名資料這種資料值種類較多的欄位，比較能發揮功效

像性別資料這種儲存值種類較少的欄位，就沒有什麼效果

Point

- 使用索引，可以縮短取得資料的時間。
- 對資料量較多，值的種類較多的欄位建立索引，更能發揮效果。
- 使用索引的缺點是編輯資料的處理速度下降，而且會消耗磁碟的空間。

分散工作負荷

提升設備效能的垂直擴充

當現階段的系統已經不敷使用時，可以透過垂直擴充與水平擴充來提升處理效能。垂直擴充 是透過 **增加電腦的記憶體、磁碟與 CPU** ，或是 **更換為性能更佳的產品**，以提升處理效能的一種方式（圖 7-15）。舉例來說，單一資料庫中的更新處理或是特定電腦內的處理極度頻繁時，垂直擴充就相當有效。

不過垂直擴充也面臨一些課題，像是進行垂直擴充時必須將運作系統暫停，而且機器效能也有物理上的極限，並無法無限進行垂直擴充。

增加設備數量的水平擴充

水平擴充 是 **藉由增加電腦數量來分散工作負荷，以提升處理效率** 的一種方式（圖 7-16）。水平擴充跟垂直擴充一樣，可以在不受單一機器的規格限制下提升系統性能。

水平擴充特別適合用來將簡單的處理分散到多台機器，例如網路系統這種對大量存取回傳資料的處理，就比較容易透過水平擴充來分散處理。水平擴充還有一個優點，由於機器有許多台，即使其中一台故障，系統也不會因此停止。不過，多台機器之間要以什麼結構連結，或是如何將執行的處理分散，都是需要考慮的問題。

而複製（參考 **7-9**）是在資料庫中實現水平擴充的方式之一。

圖7-15 垂直擴充的概念

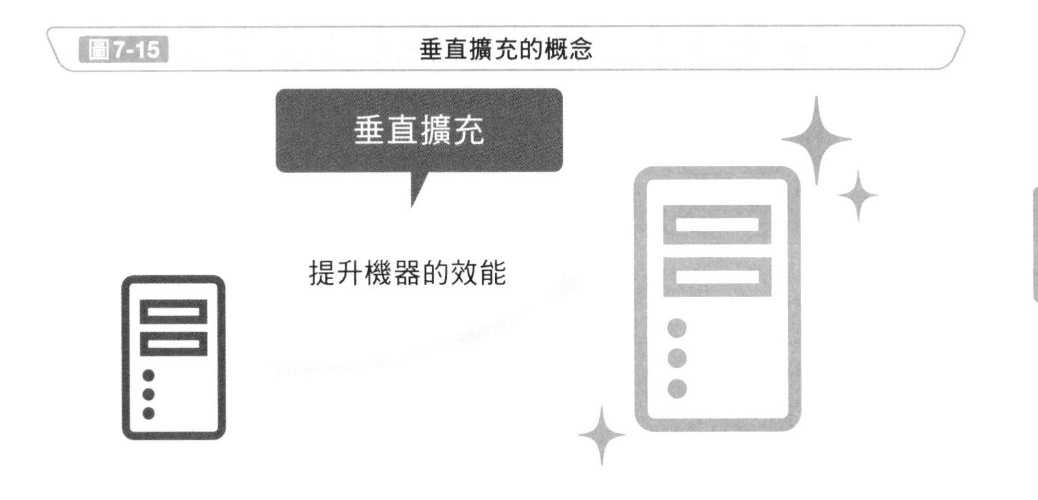

圖7-16 水平擴充的概念

水平擴充

增加機器的數量

Point

- 提升系統處理效能的方式，有垂直擴充與水平擴充。
- 提升機器效能的方法稱為垂直擴充，增加機器台數的方法稱為水平擴充。

複製並使用資料庫

分散處理並提升可用性

複製 是可以實現資料庫水平擴充的功能。使用複製功能，就 **可以從原始的資料庫複製一個相同內容的資料庫，並且將資料同步** 。如果原本的資料庫內容有更新，也可以將更新內容鏡射到複製的資料庫中。

執行大量處理時通常是集中在一個資料庫中操作，但如果透過複製建立多個相同內容的資料庫，就可以將處理分散，減輕負載。

另外，複製也可以用來提升可用性，這樣一來，即使其中一個資料庫發生問題，也可以由其他正常運作的資料庫執行處理，維持系統的運行（圖 7-17）。

複製的範例

圖 7-18 是使用複製功能來分散資料庫負載的範例，範例中是複製主資料庫（master）的內容，再建立讀取複本的資料庫。讀取複本是專門用來讀取資料的資料庫，更新資料時要在主資料庫執行，變更的內容則會反映到讀取複本資料庫中。

如果資料庫的主要用途是讀取，這樣的結構將能分散讀取資料的負載，提升資料庫的處理效能。

圖7-17 複製的功能

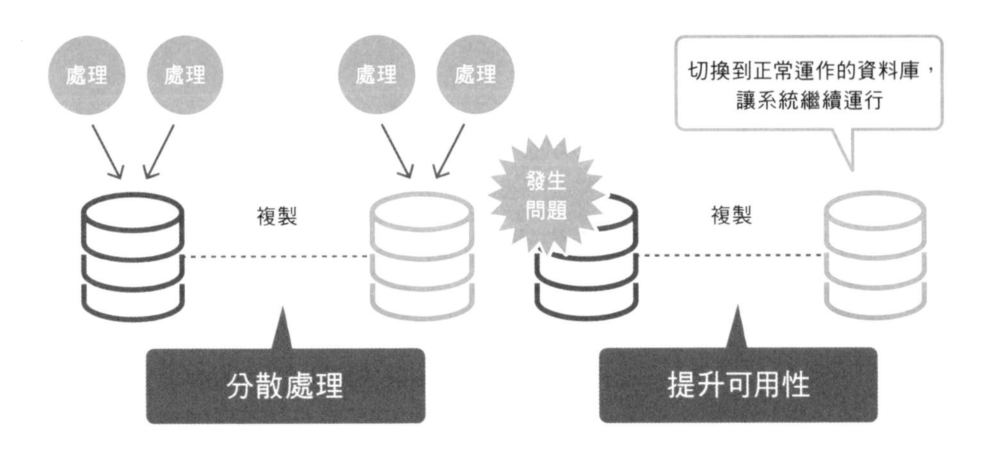

圖7-18 複製的結構範例

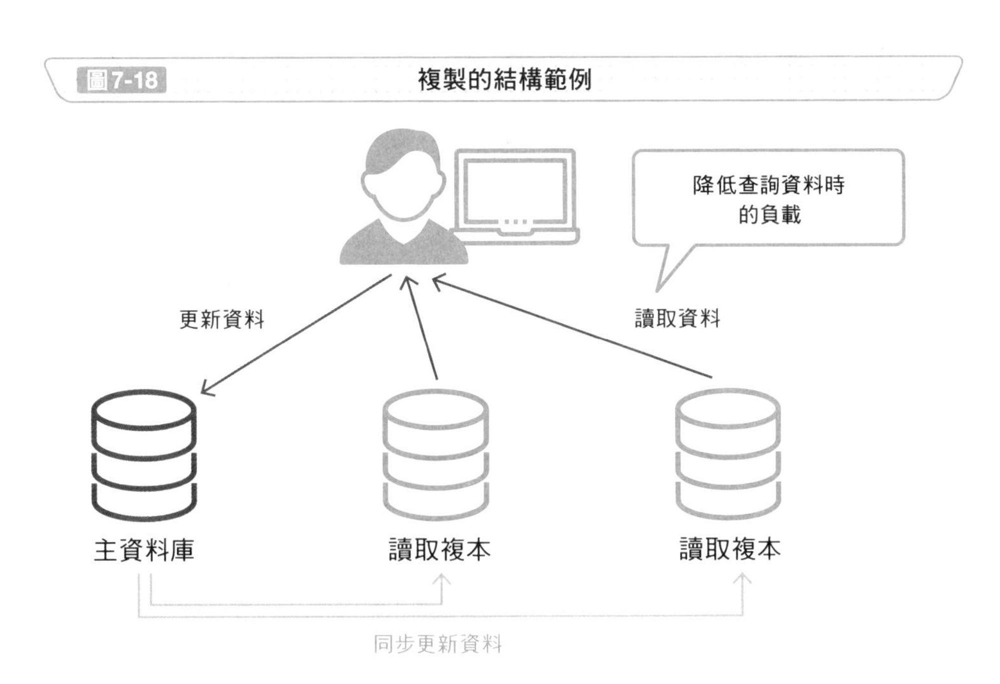

Point

- 使用複製的功能，就可以從原始的資料庫複製一個相同內容的資料庫，並將資料同步。
- 複製可以分散處理，降低負載，也可以提升可用性。

資料庫受到外部操作的問題

資料外洩與網頁遭到竄改的代表性原因

有時候我們會在新聞上看到網站的資料外洩與網頁遭到竄改的事件，其中最具代表性的原因是 **SQL 注入**（資料隱碼攻擊）這種攻擊手法。SQL 注入是一種漏洞，**攻擊者會在網頁表單等使用者可以自由輸入的欄位中輸入不當的 SQL 語句**，藉此取得或變更原本無法瀏覽的資料。

會員個資與信用卡資料因為這個手法而洩漏的事件層出不窮，因此，SQL 注入是一種可能導致嚴重損害的漏洞。

SQL 注入的機制

假設當我們在網站中的欄位輸入使用者 ID，就可以搜尋該 ID 的使用者。一般來說，如果我們輸入「123」，資料庫就會執行 SQL 語句「SELECT * FROM users WHERE id = 123;」，並在網頁上顯示這筆資料。然而，如果像圖 7-19 一樣在欄位中輸入「1 OR 1 = 1」之後，資料庫就會執行「SELECT * FROM users WHERE id = 1 OR 1 = 1;」，這個 SQL 語句可以用來取得所有的使用者資料。有心人士會透過這種不當的 SQL，違法取得、變更或刪除資料庫中的資料。

SQL 注入的因應方式

一般的因應方式是對輸入值執行跳脫處理，不直接將使用者自由輸入的值放進 SQL 語句，而是將輸入值轉換為字串類型，再用於 SQL 語句中。其他方式還有導入 WAF（Web Application Firewall）阻斷惡意存取，藉此降低 SQL 注入的風險（圖 7-20）。

圖7-19　**SQL 注入的機制**

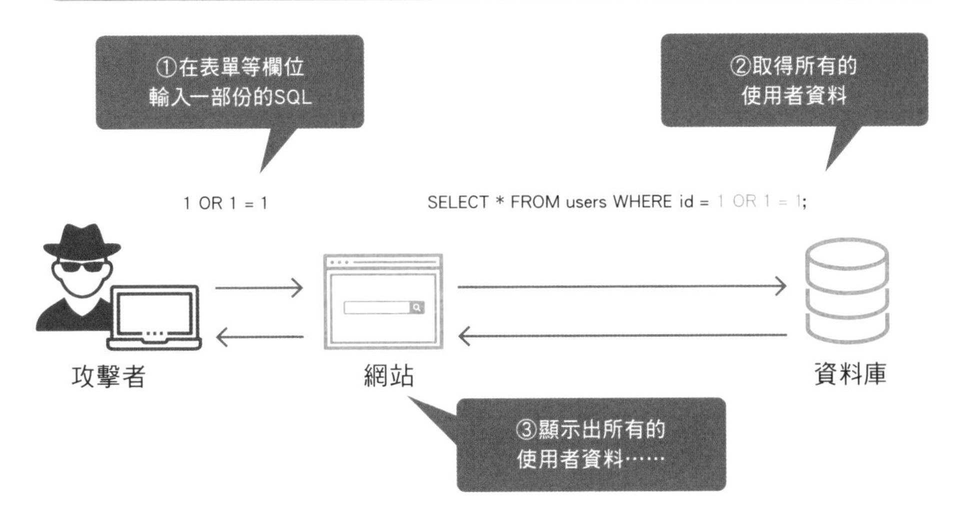

圖7-20　**SQL 注入的因應方式**

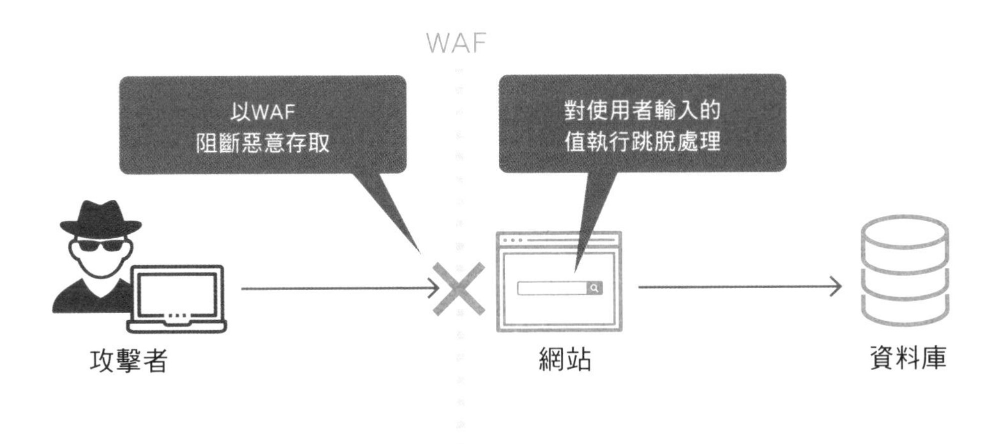

Point

- 攻擊者在使用者可以自由輸入的欄位中輸入不當的 SQL 語句，藉此取得或變更原本無法瀏覽的資料，這樣的漏洞就稱為 SQL 注入。
- 因應方式有對輸入值執行跳脫處理，以及導入 WAF。

小試身手

思考資料庫的相關威脅

讓我們試著思考物理性威脅、技術性威脅、人為威脅分別會對資料庫帶來什麼不良影響。另外，也在網路上搜尋看看是否有其他例子。

物理性威脅

-
-

技術性威脅

-
-

人為威脅

-
-

有些威脅可能帶來大規模的損害，以日本國內為例，惡意存取導致企業發生數十萬到數百萬件的個資外洩，並蒙受重大損失，類似的事件層出不窮。而且，只要發生過一次，就會讓企業失去信用，對顧客的賠償也可能會影響公司的存亡。為了將這樣的風險降到最低，我們必須正確了解這些威脅，並採取防範措施。

第 8 章

資料庫的運用

~從應用程式使用資料庫~

使用軟體存取資料庫

可以依直覺進行操作

資料庫的基本使用方法就如第 3 章所介紹，**基本上必須使用指令操作**。指令操作對開發人員來說可能相當熟悉，不過其他人可能會覺得難以上手，這時候就可以使用 用戶端軟體 ，讓使用者更容易進行操作。

目前已經有許多軟體，有些會以更容易瀏覽的方式顯示資料，或是像電子試算表一樣，使用者可以從選單選擇想要執行的處理，讓操作更直覺（圖 8-1）。如果只是要對資料庫進行簡單的操作，或是查詢資料，使用這些軟體可能比較方便。不過，軟體不一定支援資料庫的所有操作，**超出支援範圍的功能就無法執行**，因此必須留意。

有些軟體還有建立 ER 模型、輸入時自動完成、確認系統效能等功能，這些是原本的資料庫所沒有的，因此軟體也可以協助我們管理資料庫。

使用用戶端軟體

圖 8-2 將會介紹主要的用戶端軟體。有些用戶端軟體是由廠商所開發，也有些是開源軟體，有些收費也有些免費，種類繁多。另外，資料庫管理系統不同，能搭配使用的軟體也不同。

使用軟體存取資料庫時，通常需要在軟體上設定主機名稱、使用者名稱，以及密碼。

圖8-1 使用用戶端軟體的好處

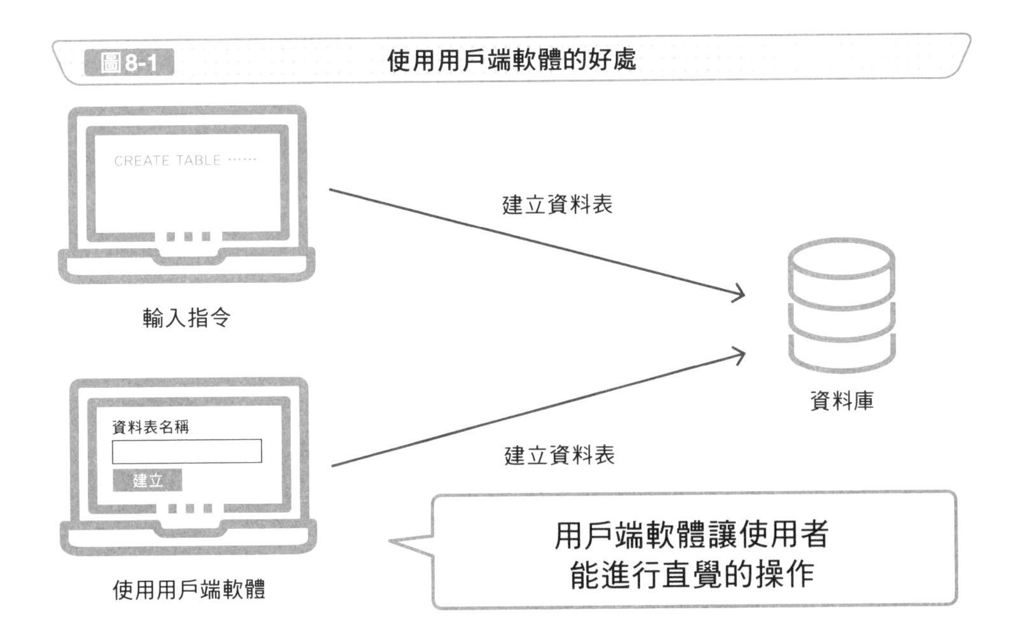

圖8-2 主要的用戶端軟體一覽表

軟體名稱	支援的資料庫管理系統	補充說明
Sequel Pro	MySQL	只能在Mac上運作
MySQL Workbench	MySQL	可以建立ER模型與查詢系統效能，能夠在許多環境中運作
phpMyAdmin	MySQL	可以透過網頁瀏覽器操作
pgAdmin	PostgreSQL	可以在許多環境中運作
A5:SQL Mk-2	Oracle Database、PostgreSQL、MySQL等	具有輸入時自動完成、Query分析、建立ER模型等功能

Point

- 使用用戶端軟體，可以對資料庫進行直覺的操作。
- 有些軟體提供資料庫所沒有的功能，因此也可以幫助我們管理資料庫。

從應用程式使用資料庫的範例

連接資料庫的應用程式

軟體與在網路上運作的工具中，有些必須連接資料庫搭配才能使用（圖 8-3），例如 **WordPress** 就相當具有代表性。

WordPress 是用來架設部落格的著名軟體，可以讓使用者從管理畫面新增文章與變更設計，即使不會寫程式，也能以較簡單的方式架設部落格網站，使用 WordPress 就不必從零開始，在客製化方面也更有彈性，因此，除了部落格之外也有許多其他類型的網站會使用 WordPress，而其中的 **文章內容與網站設定內容就是透過資料庫來管理** 。

WordPress 與資料庫的連接

WordPress 必須另外和 MySQL 的資料庫搭配使用。一開始安裝 WordPress 的時候要指定資料庫的名稱、使用者名稱和密碼並連接資料庫，這樣一來，應用程式裡就會自動建立所需的資料表。安裝完成後，只要從管理畫面新增、編輯、刪除文章，資料表就會隨之更動。此外，顯示新增的文章時，則是從資料表取得對應的資料並顯示於網頁。網頁的客製化可以從管理畫面進行，而相關設定內容也可以儲存在資料庫中（圖 8-4）。

尤其是 **需要在網路與手機應用程式上儲存資料並顯示儲存資料的應用程式，這些大部分都使用了資料庫**，由此可見，資料庫對應用程式的開發與製作來說已經是不可或缺的存在。

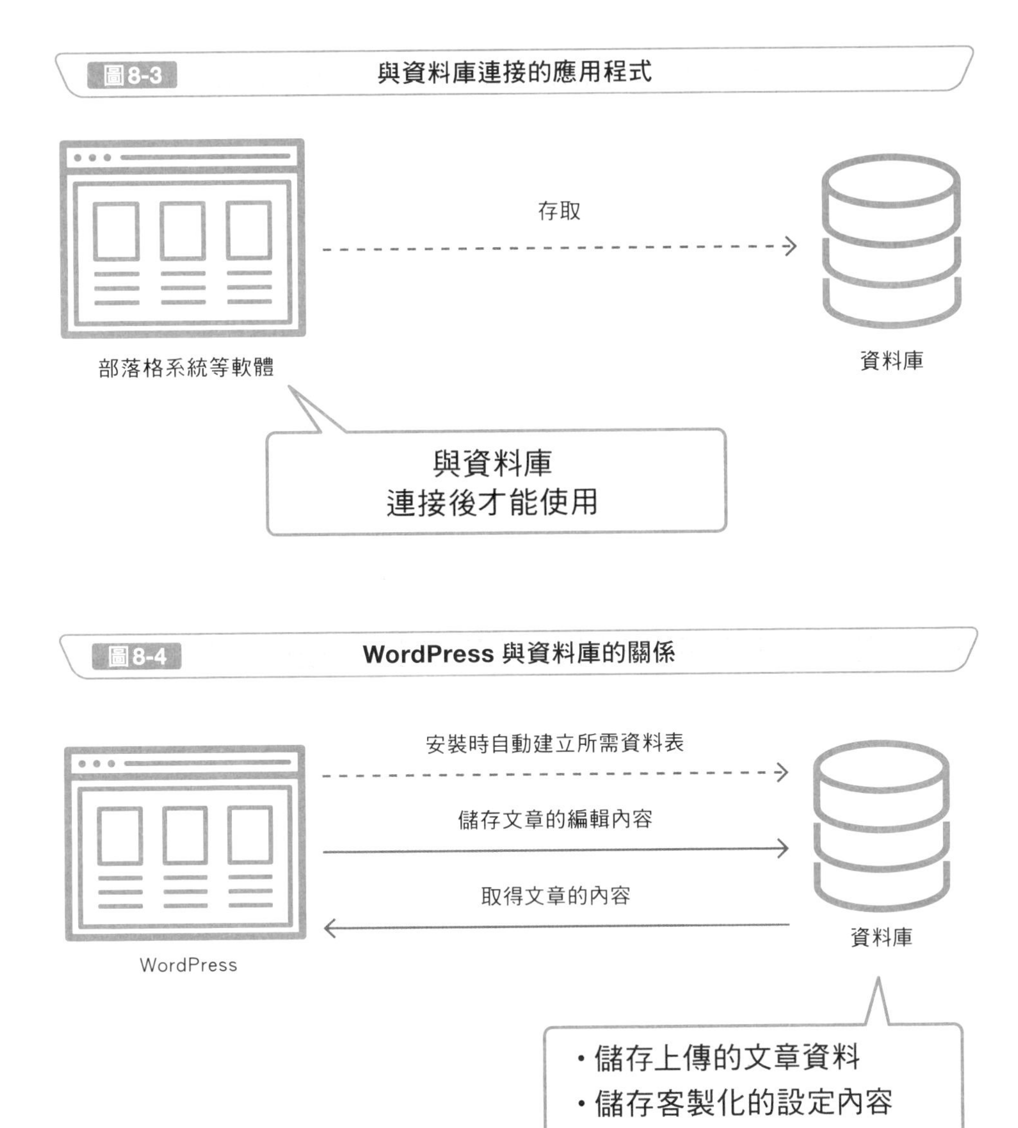

Point

- 軟體與在網路上運作的工具中，有些是連接資料庫才能使用。
- WordPress 是著名的部落格架設工具，儲存文章內容與客製化的設定內容時，都會使用資料庫。

從程式使用資料庫

使用函式庫與驅動程式連接資料庫

使用程式提昇業務效率或分析資料時，所需的資料儲存空間可以藉由資料庫來提供，這個情況下必須從程式操作資料庫，操作過程會使用 函式庫 與 驅動程式 。函式庫與驅動程式所扮演的角色就像是 **程式與資料庫間的橋樑**（圖 8-5）。

以 Ruby 程式語言為例，Ruby 是極具代表性的程式語言之一，經常用於網路服務的開發。使用 Ruby 語言讓資料庫管理系統連接 MySQL 資料庫時，就可以導入相當具代表性的函式庫「mysql2」以連接資料庫。另外，如果資料庫管理系統是 PostgreSQL，則可以使用「pg」函式庫。其他語言也是如此，對每個資料庫管理系統分別導入對應的函式庫與驅動程式，就能讓使用者用比較簡便的方式從程式存取資料庫。

從程式操作資料庫

圖 8-6 是使用 Ruby 操作資料庫的程式範例，首先在第一行讀取函式庫，第二行則使用函式庫連接資料庫，連接資料庫時，必須指定資料庫的使用者名稱與密碼。接著在第三行執行 SQL 從 users 資料表取得資料，最後將取得的資料輸出到下一行。透過這種方式，我們可以從程式上取得資料庫的資料，或是上傳資料到資料庫。

圖8-5　從程式連接資料庫的概念

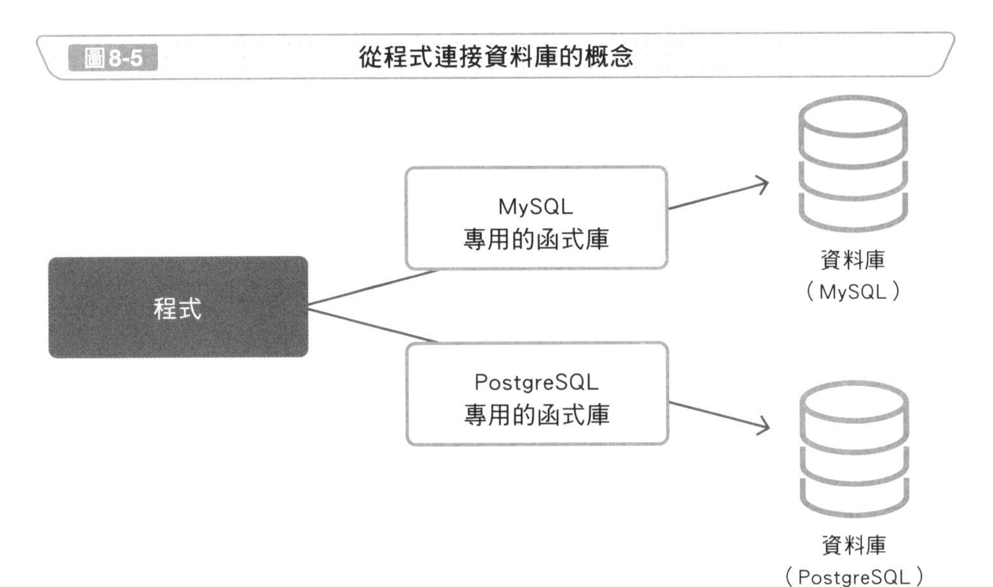

圖8-6　使用 Ruby 操作資料庫的程式範例

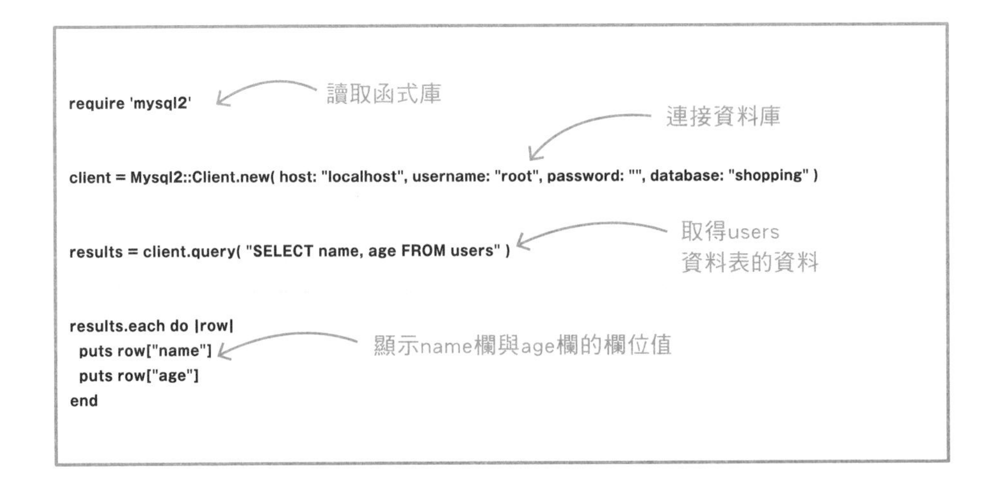
```
require 'mysql2'

client = Mysql2::Client.new( host: "localhost", username: "root", password: "", database: "shopping" )

results = client.query( "SELECT name, age FROM users" )

results.each do |row|
  puts row["name"]
  puts row["age"]
end
```


Point

- 從程式操作資料庫時，要使用函式庫與驅動程式。
- 函式庫與驅動程式的概念就像是程式與資料庫間的橋梁。

以程式語言的語法操作資料庫

以近似程式語言的語法操作資料庫

在 **8-3** 我們介紹了從程式連接資料庫的方法，原本我們必須在程式寫下「SELECT * FROM users」這類的 SQL 語句，只是，這會造成程式語言中出現其他的 SQL 語言，為了組合 SQL 語句，又必須在程式中安裝相關的功能，而且從資料庫取得的資料也需要調整格式，程式才能進一步處理。由於這個方式要考量許多事項，操作上非常不易，而且效率也不佳。

為了避免這個問題，我們可以透過 **物件關係對映**（ORM）機制，**以程式語言特有的語法與資料結構來操作資料庫** 。有了物件關係對映，使用者自然就可以從程式操作資料庫，而負責讓這個機制運作的，正是 **物件關係對映器**（O/R mapper）（圖 8-7）。

物件關聯對映器會導入到框架（框架是一種工具，提供雛型，讓應用程式的開發更快速、簡單），舉例來說，網路應用程式開發的代表性框架 Ruby on Rails 導入的是「ActiveRecord」，Laravel 導入的則是「Eloquent ORM」。

透過 Ruby on Rails 操作資料庫

圖 8-8 是透過 Ruby on Rails 操作資料庫的程式範例。程式雖然是以 Ruby on Rails 的格式書寫，不過資料庫中執行的，其實是與書寫內容相對應的 SQL 語句。使用物件關聯對映器，就不需要在程式中書寫 SQL 語句，以原本的語言就可以使用資料庫。

圖8-7 物件關係對映的概念

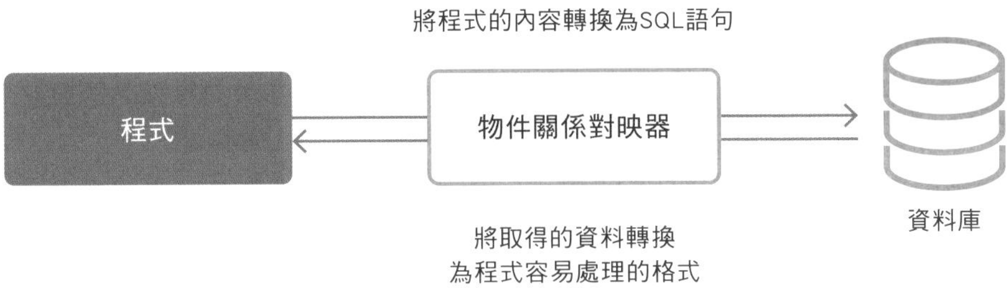

將程式的內容轉換為SQL語句

程式

物件關係對映器

資料庫

將取得的資料轉換
為程式容易處理的格式

圖8-8 透過 Ruby on Rails 操作資料庫的程式範例

實際上程式語言在轉換為SQL之後，才在資料庫上執行

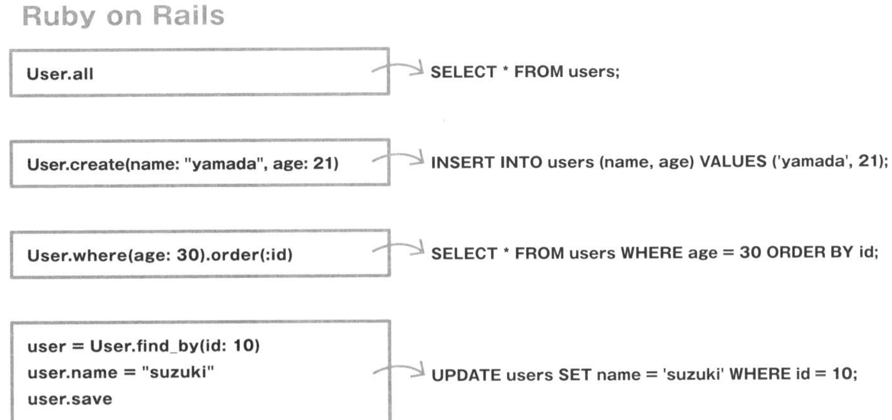

Point

- 物件關係對映的機制讓我們不需使用 SQL 語句，只要使用程式語言特有的語法與資料結構就可以操作資料庫。
- 讓物件關係對映發揮作用的，就是導入到框架中的物件關係對映器。

雲端服務的應用

使用外部供應商的服務

有資料庫的使用需求時，也可以使用外部供應商所提供的雲端服務（參考 **6-1**）。由於這種服務可以透過網路使用外部供應商配置的機器與軟體，**不需要自行準備，只要有網路，就隨時可以建立資料庫**（圖 8-9）。另外，很多服務都是以量計價，因此也可以在需要時取用所需的服務即可。如果要執行垂直擴充與水平擴充，也只要變更方案與設定，因此可以選擇在負載較高的日期與時段提升伺服器效能，非常方便。

具代表性的服務有 **Amazon RDS**、**Cloud SQL**、**Heroku Postgres** 等（圖 8-10）。

雲端服務的啟用流程

啟用雲端資料庫的流程如下。

❶連上提供資料庫服務的供應商網站並註冊帳號
❷建立新的資料庫
❸取得資料庫的主機名稱、使用者名稱與密碼
❹使用❸的資料，就可以存取並使用資料庫

最快只要幾分鐘就能完成設定，開始使用，因此也大幅降低資料庫的使用門檻。也有其他的優點，例如 **資料庫的相關設備是由業者管理** ，因此使用者可以專注於應用程式的開發。

圖8-9 雲端服務的概要

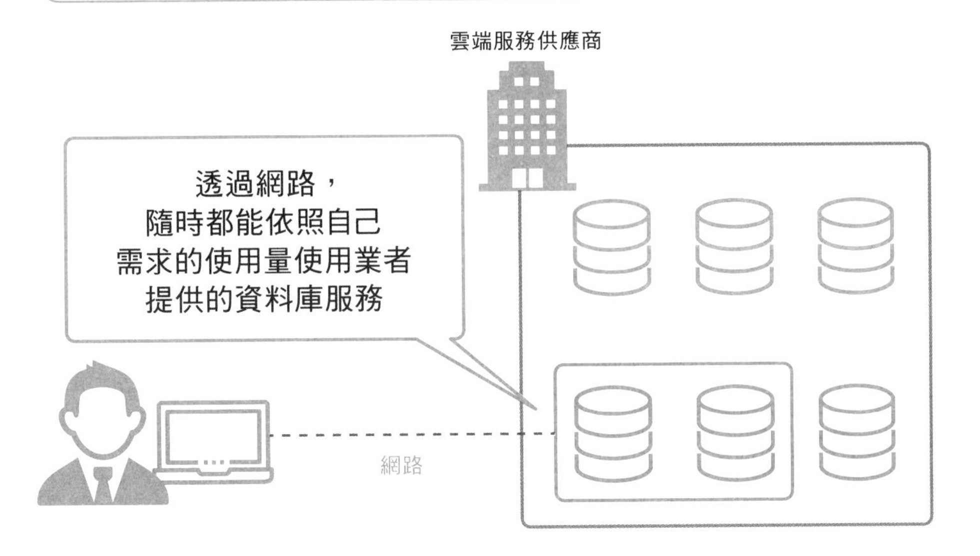

圖8-10 主要的雲端服務一覽表

服務名稱	支援的資料庫管理系統	補充說明
Amazon RDS	MySQL、PostgreSQL、Oracle、Microsoft SQL Server等	是Amazon提供的服務，內建備份與複製等功能
Cloud SQL	MySQL、PostgreSQL、SQL Server	是Google提供的服務，與Amazon RDS一樣提供較高階的功能
Heroku Postgres	PostgreSQL	與其他服務相比，功能有限，無法進行較細部的設定，相對的也只要最少的設定就能開始使用，降低使用門檻

Point

- 使用雲端服務就不需要自行購置機器，在網路上就能隨時依照需求用量使用資料庫。
- 也可以輕易地在網路上執行垂直擴充與水平擴充。

迅速取得資料

提升資料取得效率的快取

將曾經使用的資料暫時存放在讀取較快的磁碟空間，再次使用相同資料時，就可以迅速讀取，這種機制就稱為快取。

生活中的例子有網路瀏覽器，網路瀏覽器在顯示網頁時，會將曾經讀取的圖片等檔案儲存起來，之後再讀取到相同頁面時就可以使用，這樣一來，就能提升網頁的顯示速度（圖 8-11）。

如果將快取機制應用於資料庫，就可以提升取得資料的效率。

在資料庫使用快取

快取也可以用來提升在資料庫中讀取資料的速度，尤其是需要頻繁讀取以及變更頻率較低的資料，使用快取的效果會更好。

以購物網站為例，網站中有前一天人氣商品排名的頁面，如果依照排名順序逐一從資料庫取得資料，可能造成資料庫很大的工作負擔，而且前一天的排名並不會再更動，每次有人存取頁面時都要重新執行處理，效率將會大幅降低。如果把從資料庫取得的結果儲存在其他空間，第二次以後的存取就能讀取所儲存的資料，降低存取資料庫的頻率，這樣一來，就可以讓資料的取得更為迅速（圖 8-12）。

快取的機制可以自行建立，**有時候則已經導入到連結資料庫的框架與軟體中**。

圖8-11 網頁瀏覽器中的快取範例

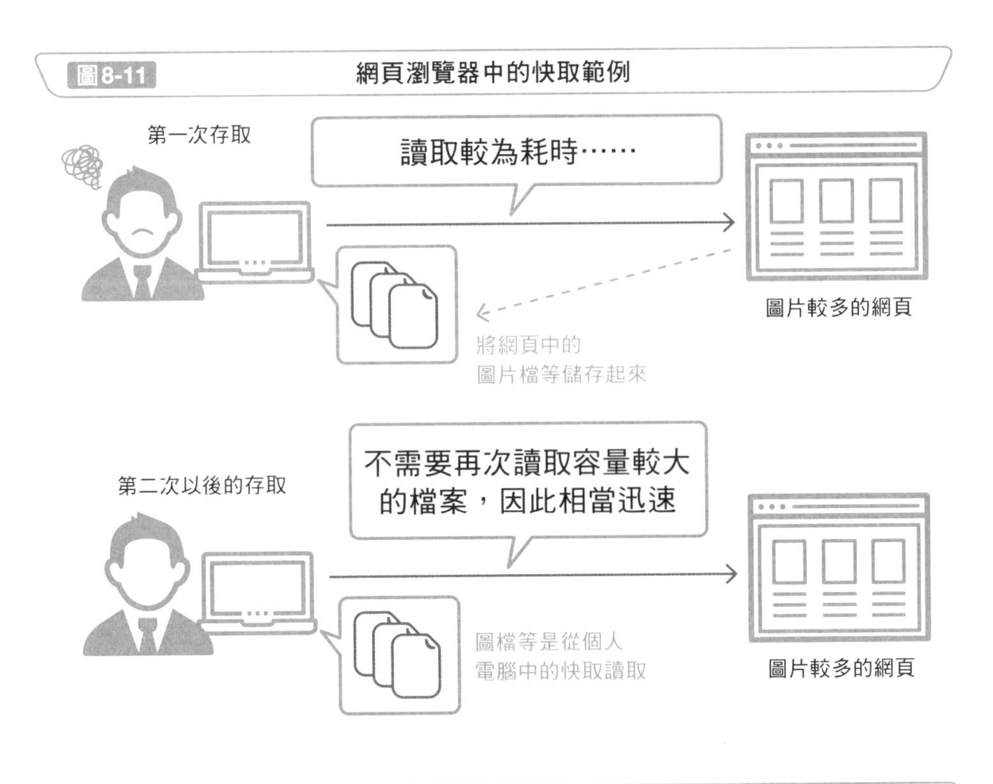

圖8-12 在資料庫中使用快取的範例

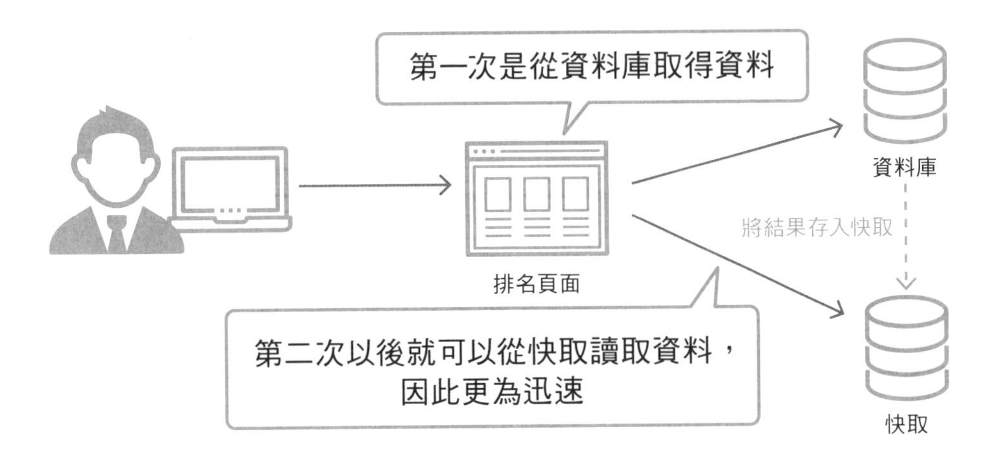

Point

- 為了迅速讀取常用的資料而將資料儲存起來，就是快取的機制。
- 在資料庫中使用快取機制，資料的取得將更為迅速。

收集並分析大量資料

大數據的運用

為了增加營收並改善工作效率，有時會運用 大數據 。大數據是 **巨量資料的集合，常被應用在各式各樣的商務情境** 。

以經營魚鋪為例，進貨前必須要仔細評估季節、魚的種類、產地、價格、風味等資料。另外，在店鋪中陳列買入的魚貨時，分析不同的魚能夠以什麼價格賣出多少量，以及消費者的年齡層、消費時段等資料，對於營業額的提升與庫存管理相當有幫助。此外，也可以進一步分析怎麼樣的擺放位置與產品賣相更有助於銷售，並累積相關的資料。透過這種方式，將所有資料集中儲存於資料庫中，就能夠決定進貨時間、魚貨種類、價格、進貨量，以及店鋪中的陳列方式等，藉此提高營業額，改善銷售模式（圖 8-13）。

這只是其中的一個例子，大數據的應用包含各式各樣的情境。例如，提高零售商店的營業額、製造符合顧客需求的產品，還有購物網站的商品推薦功能等（圖 8-14）。

大數據需要什麼樣的資料庫

隨著數位化的發展，我們已經可以從智慧型手機與感應器獲得龐大的資料，像是人的位置資訊與活動足跡。為了管理這些資料，資料庫必須具備處理大量資料的能力，有時甚至需要出動 Tera 與 Peta 等超大容量單位。另外，分析的資料除了文字之外，也有圖片、聲音、影片等，種類相當多元，因此資料庫也必須能夠支援各種資料類型。還有，行動支付這類的資料會不停新增，因此資料庫也必須要有極快的處理速度。

目前符合這種條件的工具與技術已經普及，每個人都能自由運用，除了大企業之外，其他應用也越趨廣泛。

圖8-13　大數據在零售商店的應用範例

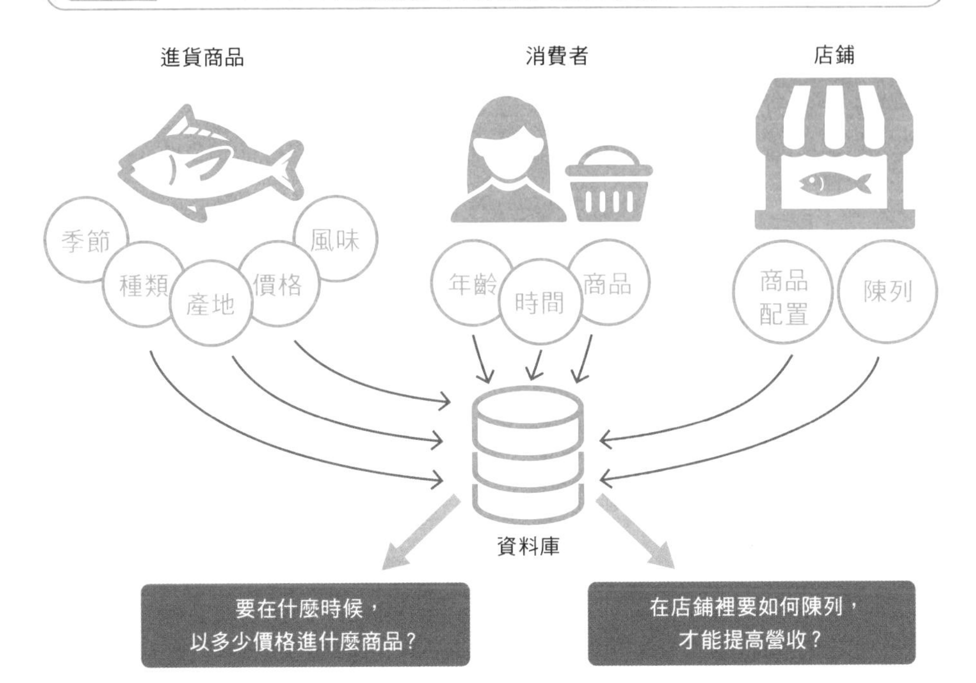

圖8-14　大數據的應用範例

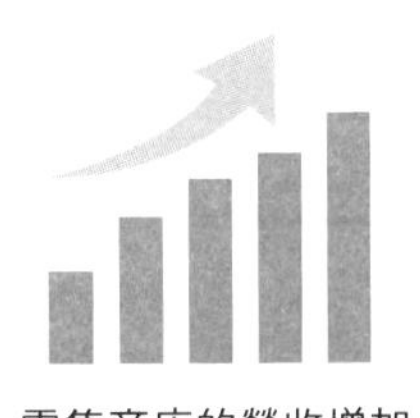

零售商店的營收增加

業務規模的擴大

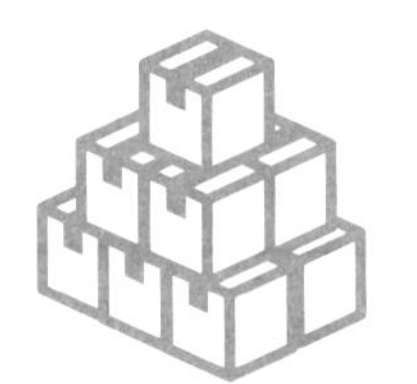

商品的生產、改善庫存管理

成本降低

根據購買紀錄推薦商品

創造新商機

Point

- 大數據的技術可以用來分析巨量資料，並有效運用於商務情境。
- 大數據的運用有助於擴大業務規模、降低成本以及創造新商機。

資料庫與從資料中學習的應用程式

AI 領域的應用

近年來，在將棋與圍棋的對弈中，**AI**（人工智慧）打敗人類的新聞廣受矚目，人們開始注意到 AI 顯著的開發成果與潛力。AI 的用途是進行預測與判斷，相關的應用有影像辨識、聲音辨識、自動駕駛、垃圾郵件過濾器、電商網站的商品推薦、臉部辨識、聊天機器人等，領域多元而廣泛，提升我們生活的便利程度。

實現 AI 的相關技術中，較常聽到的是 機器學習 。這項技術是藉由讓程式學習大量資料，推導出用來預測與判斷的模型。例如，電子郵件的垃圾信件過濾器就採用了機器學習這項技術，**收集了大量垃圾信件與一般信件的特徵到資料庫中讓程式學習**，透過這個方式來判斷信件是否為垃圾信件（圖 8-15）。

聊天機器人的機制

最近有些網站開始出現取代以往 Q&A 頁面的聊天機器人，讓使用者可以在網頁上向 AI 提問。另外，對著裝置說話就能自動執行所需操作的產品也已經普及，像是智慧型手機與智慧喇叭。這些功能都使用了 AI、機器學習的技術，在接收使用者的聲音之後辨識其目的，**再從對話資料庫中大量的學習資料找出符合使用者目的的回答與操作** ，而接收到的問題也會再次存到資料庫中提供學習，藉此不斷提升 AI 的準確度（圖 8-16）。

圖8-15 使用機器學習判斷是否為垃圾信件

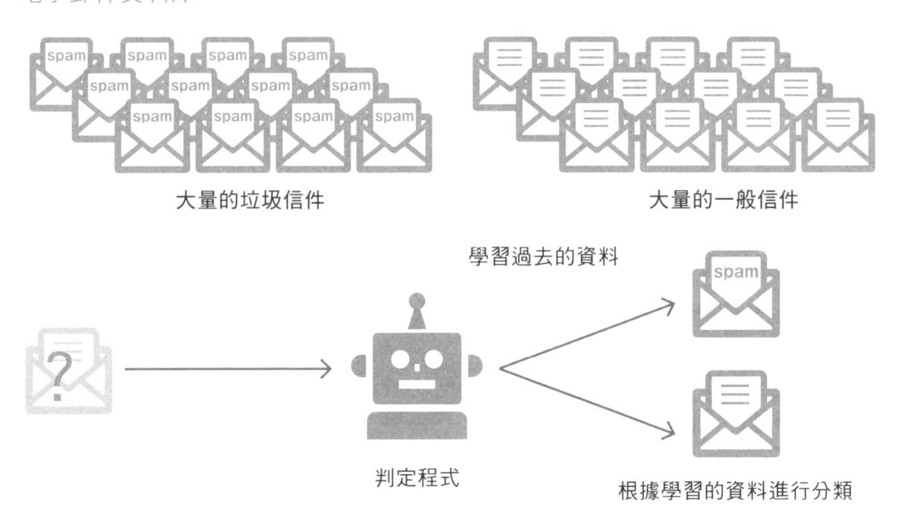

圖8-16 聊天機器人的機制

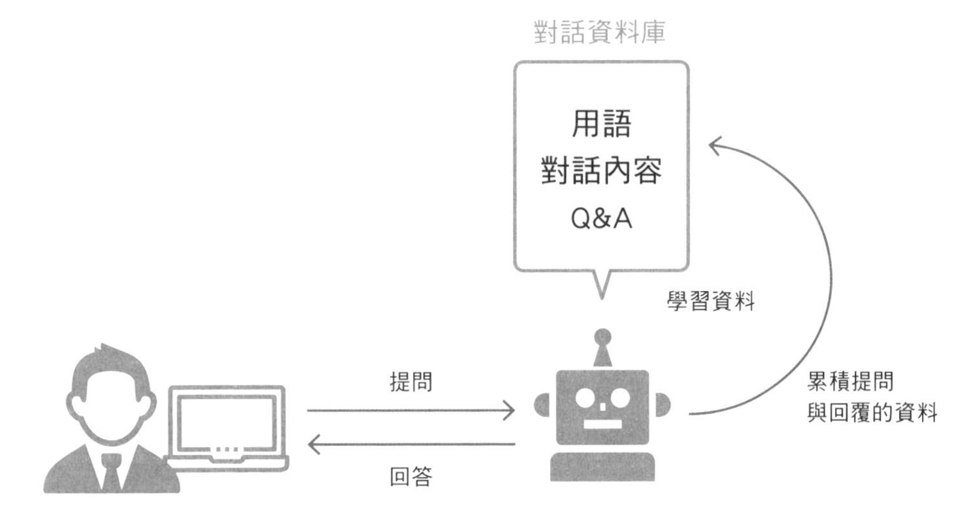

Point

- 機器學習是用於 AI 開發的技術，透過讓程式學習大量資料，推導出用於預測與判斷的模型。
- 資料庫也應用在機器學習的領域。

內建 AI 功能的資料庫

日趨便利的資料庫

現在也有一些產品內建 AI（人工智慧）的功能，稱為 **AI 資料庫** 。

以 IBM 所發布的「IBM Db2 the AI database」為例，它可以將散落多處，分別受到管理的資料集中在一起，以進行橫斷式分析，也提供調校功能，讓執行 SQL 可以得到更好的結果，另外，還能夠使用「每月平均營收」等敘述方式代替 SQL，為我們搜尋資料，甚至還能夠將營收結果以圖表呈現，或是對未來進行預測等，這些功能都是以往的資料庫所沒有的（圖 8-17）。透過這些功能，**資料庫的管理與分析變得更加方便，而且也讓專業人員以外的工作人員更容易存取資料庫**。

資料庫的未來

資料庫具備了登錄、整理、搜尋資料等功能，讓我們處理資料時更加方便，不過，使用資料庫的最終目的應該是有效率地儲存資料並顯示於網頁上，或是將分析結果運用於商務情境，為了達成這些目的，就必須導入、設計與管理資料，就像剛才所介紹的 AI 資料庫，未來的資料庫與現今的資料庫相比，或許會變得更簡單、方便，且迅速。

數位化的社會持續發展，即使在「今天」這個當下，資料還是持續地增加，未來，支持著這些發展的資料庫應該會需要具備更強大的性能與扮演更多角色。**期許未來資料庫能持續發揮影響力，日益進化，讓你我的生活更便利**（圖 8-18）。

圖8-17　AI 資料庫

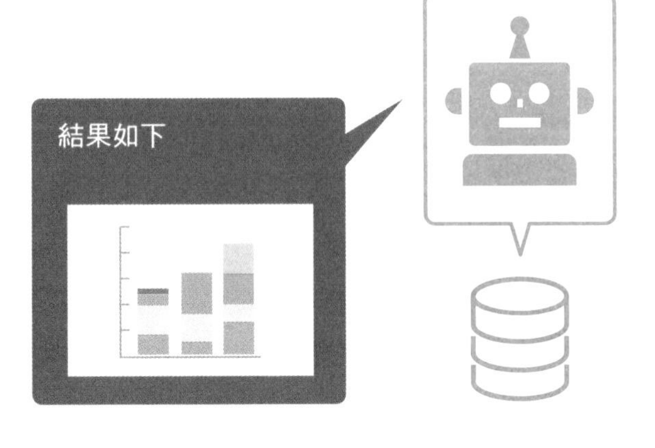

圖8-18　進化的資料庫

Point

- 有些新的資料庫產品開始內建 AI 功能，對資料的管理與取得自動進行最佳化。
- 專業人員以外的工作人員在存取資料庫時也越來越容易。

小試身手

嘗試建構資料庫

試著在自己的電腦中安裝 MySQL 並建立資料庫。過程中有些操作會需要使用指令，執行指令時使用的應用程式有 Mac 內建的「終端機（Terminal）」，以及 Windows 內建的「命令提示字元（Command Prompt）」，只要使用這些應用程式，就可以進行操作。

①下載資料庫管理系統

請在自己的電腦上安裝 MySQL，在網路就可以查到各種安裝方法。

例如，Mac 可以使用 Homebrew 安裝，Windows 則可以從官方網站下載 Windows Installer。

②啟動資料庫

執行指令，啟動資料庫。

③連線至資料庫管理系統

使用指令存取資料庫，或是使用發布於網路上的用戶端軟體進行存取。

④建立資料庫

使用第 3 章介紹的 SQL 語言建立資料庫與資料表。另外，也試著在建立的資料表中新增、編輯，與刪除紀錄。

看一看資料庫的設計範例

網路上也有應用程式資料庫的設計案例，可以參考。

例如知名的架設部落格工具 WordPress 就使用了 MySQL，其中的資料表名稱、欄位名稱以及資料類型等都是公開的。

用語集

・「➡」後面的數字為相關章節

A～Z

AI (➡ 8-8)
可以學習與解決問題，具有人類般智慧的系統。

AUTO INCREMENT 屬性 (➡ 4-11)
在欄位中自動存入連續編號，是一種限制條件。

DEFAULT (➡ 4-7)
可以對欄位設定初始值的限制條件。如果對欄位設定這個限制條件，新增紀錄時又沒有指定值，欄位中就會存入事先指定的預設值。

ER 模型 (➡ 5-7、5-8、5-9)
呈現出實體與關聯性的圖，包含概念模式、邏輯模式、實體模式等類別。

FOREIGN KEY (➡ 4-13)
限制條件，欄位中只能存入指定資料表欄位中所具備的值。

NoSQL (➡ 2-5)
代表非關聯式的資料庫管理系統。

NOT NULL (➡ 4-9)
欄位中不能存入 NULL 的限制條件。

NULL (➡ 4-8)
這個值代表欄位中「什麼都沒有」，可以明確表示欄位中並沒有輸入值。

物件關係對映器 (➡ 8-4)
負責讓物件關係對映（ORM）的機制運作，會導入到框架（一種工具，是讓應用程式開發更迅速簡單的雛形）中。

物件關係對映 (➡ 8-4)
是一種機制，讓使用者不需要了解 SQL，使用程式語言特有的語法與資料結構就可以操作資料庫。

PRIMARY KEY (➡ 4-12)
一種限制條件，讓欄位無法存入與其他紀錄重複的值和 NULL。

SQL (➡ 1-6)
用來向資料庫傳送指令的語言。

SQL 注入 (➡ 7-10)
又稱資料隱碼攻擊，攻擊者在使用者可以自由輸入的欄位中寫下不當的 SQL 語句，以擷取或變更不具瀏覽權限的資料，形成漏洞。

UNIQUE (➡ 4-10)
一種限制條件，讓欄位無法存入與其他紀錄重複的值。

2 劃

人為威脅 (➡ 7-3)
由於人為錯誤或惡意行為，進而導致損失的一種因素。例如錯誤操作、遺失／遺落，社交工程等。

3 劃

大數據 (➡ 8-7)
每日持續累積，形態多元的巨量資料集合。

4 劃

中間資料表 (➡ 5-18)
為了以資料表呈現多對多的關係而設置於兩份資料表之間，讓兩者產生關聯的資料表。

內連接 (➡ 3-21)
只將兩份資料表中指定欄位值相同的資料結合，並取出資料的方法。

文件式 (➡ 2-7)
一種資料模式，可以儲存 JSON 與 XML 等階層式結構的資料。

日誌 (➡ 6-5)
記錄電腦操作紀錄、系統運作狀況等的檔案。資料庫中也有慢查詢日誌、錯誤日誌。

水平擴充 (➡ 7-8)
藉由增加電腦台數，分散處理，以提高系統處理能力的一種方式。

5 劃

主鍵 (➡ 4-12)
是一種限制，讓欄位值不可與其他資料表重複，且無法存入 NULL。

加密 (➡ 6-8)
轉換資料，藉此讓他人無法讀取的一項技術。

外連接 (➡ 3-22)
將兩份資料表中指定欄位值相同的資料相互結合，並加入主要資料表才有的資料後，再取得資料。

外鍵 (➡ 4-13)
一種限制條件，欄位中只能存入指定資料表欄位所具備的值。

本地端 (➡ 6-1)
以公司自有設備建立並使用資料庫。

正規化（➡ 5-10）
整理資料庫資料的一種程序。可以減少資料重複，將資料調整為易於管理的結構。

6 劃

交易（➡ 4-14）
將對資料庫執行的多個處理整合，就是交易。

全部備份（➡ 6-6）
將所有資料備份的方式。

同音異義字（➡ 5-15）
名稱相同，意思卻不同的詞彙。

同義字（➡ 5-15）
名稱不同，卻具有相同意義的詞彙。

回滾（➡ 4-16）
將交易內的處理取消，回到交易開始時的狀態。

死結（➡ 4-17）
多個交易處理同時操作同一筆資料，導致互相都在等待對方處理結束，因而無法進入下一個處理的狀態。

7 劃

快取（➡ 8-6）
是一種機制，將曾經使用過的資料暫時儲存到讀取較快的位置，再次使用相同資料時就可以快速讀取。

技術性威脅（➡ 7-2）
透過程式與網路進行攻擊，進而引發系統問題的一種因素。例如未經授權的存取與電腦病毒、DoS 攻擊、竊聽等。

8 劃

初期成本（➡ 6-3）
最開始導入系統時所支出的費用。

物理性威脅（➡ 7-1）
在物理層面上導致系統產生損失的因素。例如因自然災害導致機器損壞、故障，或是因非法入侵導致機器遭盜，因機器老舊導致機器故障等。

社交工程（➡ 7-3）
抓住人的心理與行動之弱點，以獲得重要資料的一種手段。

9 劃

垂直擴充（➡ 7-8）
增加記憶體與磁碟、CPU，或是更換為性能更好的產品，以提升系統處理能力的一種方式。

紀錄（➡ 2-2）
資料表的列。

限制（➡ 4-6）
用於限制欄位的儲存值。限制的例子有「NOT NULL」、「UNIQUE」、「DEFAULT」。

10 劃

差異備份（➡ 6-6）
一種備份方式，只對全部備份後新增的變更進行備份。

真假值（➡ 4-5）
在程式的世界中，真假值就是「真（true）」與「假（false）」兩種值。經常用於呈現 ON 或 OFF 等只有兩種狀態的情境。

索引（➡ 7-7）
縮短資料取得時間的機制。如同書籍索引的概念，是透過建立最適於搜尋的資料結構，達到縮短取得時間的目的。

12 劃

備份（➡ 6-6）
為了預防資料毀損而將資料複製，就是備份。

提交（➡ 4-15）
當交易的一連串處理成功時，將結果反映到資料庫中的操作。

開源軟體（➡ 1-5）
原始碼對外公開的軟體，任何人都可以自由使用。

階層式（➡ 2-1）
就像樹木分枝一樣，是一筆父紀錄之下有著多筆子紀錄的資料模式。

雲端（➡ 6-1）
透過網路使用外部系統的方法。

13 劃

匯出（➡ 6-7）
將資料庫的內容輸出至檔案。

解密（➡ 6-8）
將加密資料復原的處理。

資料（➡ 1-1）
數值、文字、日期、時間等一筆筆的資料。

資料表（➡ 2-2）
關聯式資料庫中儲存資料的表。

資料表連接（➡ 2-3、3-20）
在關聯式資料庫中，組合多個相關的資料表以取得資料。

資料庫（➡ 1-1）
將許多資料集中整理在一個地方，讓資料能獲得有效運用。特徵是可以登錄、整理、搜尋資料。

資料庫管理系統（DBMS）（➡ 1-3）
一種系統，具有處理大量資料所需要的功能。一般來說，在操作資料庫時，會向資料庫管理系統傳送指示。DBMS 居於使用者與資料庫之間，讓資料庫在管理上能夠更加便利、安全。

資料類型（➡ 4-1）
各欄位的指定資料型態，包含數值、字串、日期、時間等。資料類型可以讓欄位儲存值的格式一致，也讓我們能夠事先決定資料值的處理方式。

運行成本 （➡ 6-3）
系統導入後的每月支出費用。

14 劃

圖形式 （➡ 2-7）
可以呈現出關聯性的模型。

實體 （➡ 5-5）
儲存資料在真實世界中的個體，代表資料中出現的人物與物品。

慢查詢 （➡ 7-6）
執行上較為費時的 SQL 語句。

網路式 （➡ 2-1）
將資料呈現為網狀的資料模式。

需求定義 （➡ 5-1、5-4）
決定如何設計系統才能解決當下問題的一個步驟。

15 劃

增量備份 （➡ 6-6）
只對上一次備份之後有所變更的內容進行備份。

複製 （➡ 7-9）
對資料庫實現水平擴充的功能之一。這個功能讓我們可以從原始資料庫複製內容相同的資料庫，將資料同步後即可使用。

16 劃

機器學習 （➡ 8-8）
是一種技術，讓程式學習大量的資料，以推導出用來預測與判斷的模型。

錯誤日誌 （➡ 7-4）
將資料庫中發生的錯誤記錄為檔案。檔案中會記錄錯誤發生日期、錯誤代碼、錯誤訊息、錯誤等級等資訊。

17 劃

還原 （➡ 6-7）
使用匯出檔案將資料復原。

鍵值型 （➡ 2-6）
是一種資料模式，可以將鍵與值這兩種資料配對後逐一儲存。

19 劃

關聯 （➡ 5-6）
實體間的連結，關聯的種類有一對多、多對多、一對一等。

關聯式 （➡ 2-1）
在具有欄與紀錄的二維表格中儲存資料的資料模式。可以透過組合多份資料表呈現出許多種類的資料。

21 劃

屬性 （➡ 4-6）
一種設定，讓欄位儲存值可以依循一定的規則儲存。例如「AUTO_INCREMENT」屬性就是用於自動儲存連續號碼。

欄 （➡ 2-2）
資料表的行。

欄位 （➡ 2-2）
各紀錄中的每一筆輸入項目。

欄導向式 （➡ 2-6）
是一種資料模式，用來識別單一列的「鍵」可以對上多個鍵與值的組合。

索引

【 23劃 】

作 者 介 紹

坂上幸大（Sakagami Koudai）

程式設計入門網站「プロメモ」的作者／網路工程師，藉由「プロメモ」將網路應用程式開發的基礎知識傳遞給未來有志成為工程師的讀者，同時也參與後端的開發案件，並自行開發、經營網路服務。作者過去曾在大型系統整合商負責系統建構，也曾於多家新創企業負責網路服務開發，後來也擔任開發經理，負責招募與培育工程師。在 2019 年之後，作者架設了「プロメモ」網站，傳遞自己一路以來累積的知識與經驗，兩年內已經累積 130 萬以上的網頁瀏覽次數。

- プロメモ http://26gram.com/

裝訂、內文設計／相京 厚史（next door design）
封面插畫／越井 隆
DTP ／ BUCH+

※本書的內容是根據2020年7月20日時的資訊撰寫。

圖解資料庫的工作原理

作　　者：坂上幸大
裝訂/文字設計：相京 厚史（next door design）
封面插圖：越井 隆
譯　　者：何蟬秀
企劃編輯：莊吳行世
文字編輯：詹祐甯
設計裝幀：張寶莉
發 行 人：廖文良

發 行 所：碁峰資訊股份有限公司
地　　址：台北市南港區三重路 66 號 7 樓之 6
電　　話：(02)2788-2408
傳　　真：(02)8192-4433
網　　站：www.gotop.com.tw
書　　號：ACD021700
版　　次：2021 年 12 月初版
建議售價：NT$450

國家圖書館出版品預行編目資料

圖解資料庫的工作原理 / 坂上幸大原著；何蟬秀譯. -- 初版. --
臺北市：碁峰資訊, 2021.12
面；　公分
ISBN 978-626-324-036-0(平裝)
1.資料庫　2.資料探勘
312.74　　110020015

讀者服務

- 感謝您購買碁峰圖書，如果您對本書的內容或表達上有不清楚的地方或其他建議，請至碁峰網站:「聯絡我們」\「圖書問題」留下您所購買之書籍及問題。(請註明購買書籍之書號及書名，以及問題頁數，以便能儘快為您處理)
http://www.gotop.com.tw

- 售後服務僅限書籍本身內容，若是軟、硬體問題，請您直接與軟體廠商聯絡。

- 若於購買書籍後發現有破損、缺頁、裝訂錯誤之問題，請直接將書寄回更換，並註明您的姓名、連絡電話及地址，將有專人與您連絡補寄商品。